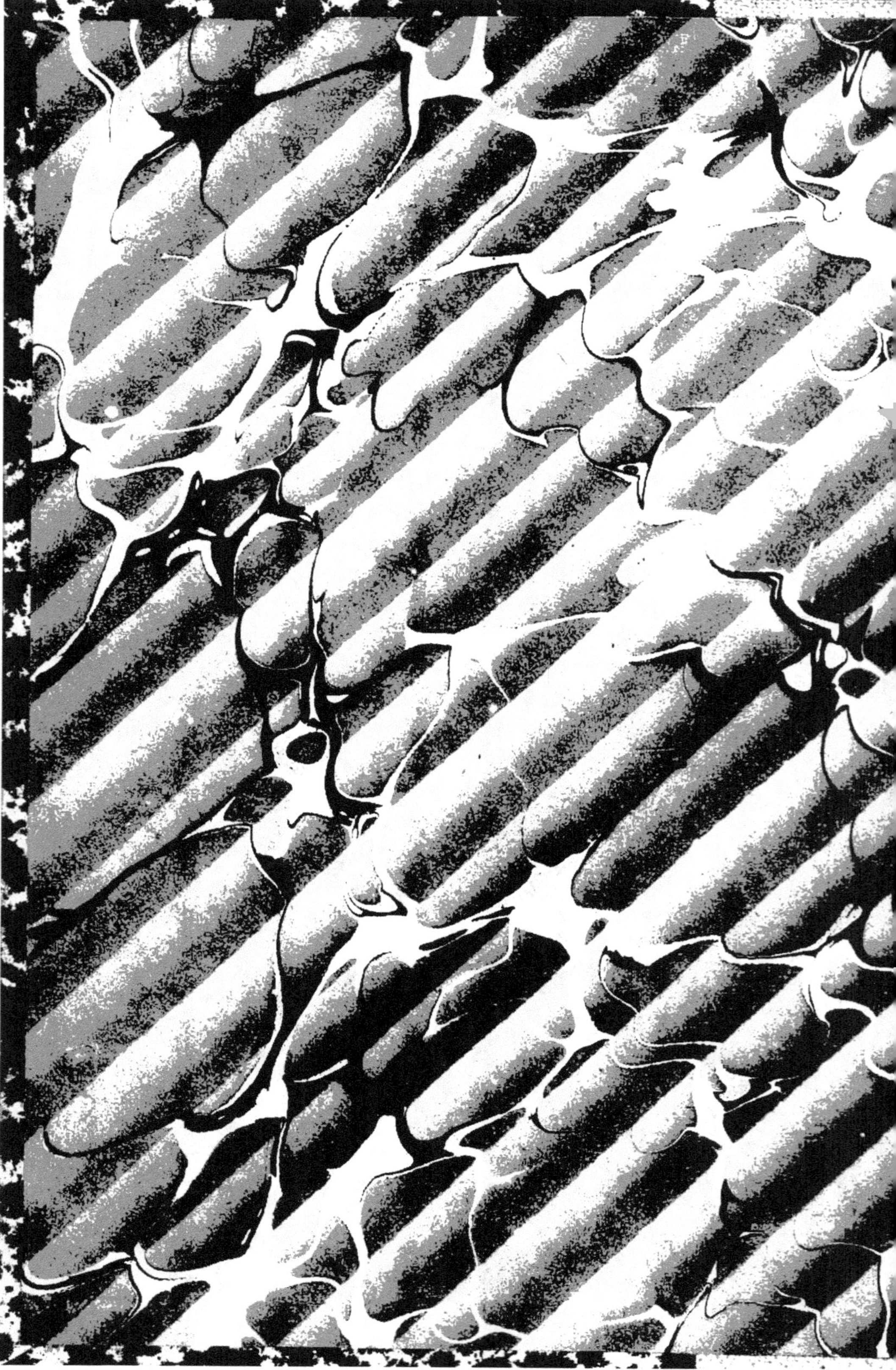

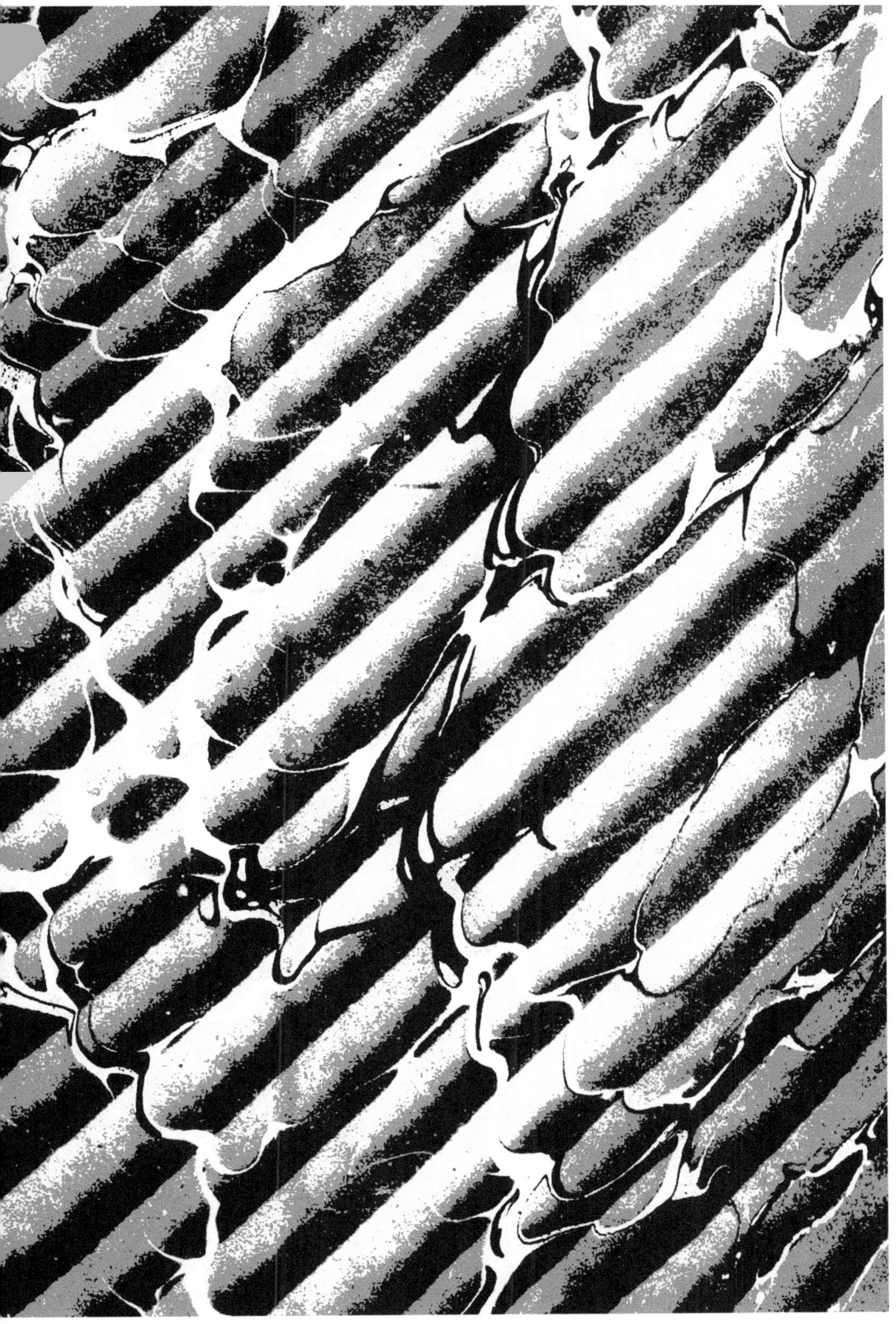

A. VALLET DE BRUGNIÈRES

—

Six Semaines
à Lisbonne
et à Madrid

PARIS

LIBRAIRIE TAITBOUT

ALBERT WOLFF, ÉDITEUR

76, RUE TAITBOUT

1903

Tous droits réservés.

SIX SEMAINES

A LISBONNE

ET A MADRID

Il a été tiré de cet ouvrage :

10 exemplaires sur papier du Japon.

20 exemplaires sur papier de Hollande.

A. VALLET DE BRUGNIÈRES

Six Semaines
à Lisbonne
et à Madrid

PARIS

LIBRAIRIE TAITBOUT

ALBERT WOLFF, ÉDITEUR

76, RUE TAITBOUT

1903

DU MÊME AUTEUR :

Le Drapeau, Sonnets. Librairie Métivet, 7, rue Saint-Laurent .... 1 »
L'Etoile Filante, Poésies, Librairie Métivet, 7, rue Saint-Laurent. 0 50
Premiers Pensers, Poésies (Librairie Scruzier, 36, rue de Penthièvre), 1 fort volume, papier teinté, (Epuisé)................................ 3 50
La Femme qui rit, Monologue en vers, dit par Mme Thénard, de la Comédie-Française, 1 plaquette papier teinté, Barbré, 12, Boulevard Saint-Martin............................ 0 50
Les Fredons, Poésies, Librairie H. Charles-Lavauzelle, 11, Place St-André-des-Arts, 1 fort volume, papier teinté (épuisé) 3 50
Pierre le Grand, poème historique. Honoré d'une souscription de S. M. le Tsar et du ministre de la Guerre, 1 forte brochure grand in-quarto raisin 1 50
Les Supplices d'un Bal, Monologue dit par Mlle Elise Petit de l'Odéon.................. 0 50
A Lisbonne, Poésie. Vendido am beneficio obra de Pao da cada dia, 14, largo do Pelourinho, Lisboa...................................... 3 »
Aux Femmes de Science, Poésie dite par M. Davrigny, de la Comédie-Française, Edition du *Monde Parisien*...................................... 2 »
Aux Sauveteurs, Poésie dite par M. Davrigny, de la Comédie-Française, Edition du *Monde Parisien* .... 2 »
Le Souper, Galante aventure parisienne, en vers, librairie Métivet, 7, rue Saint-Laurent. 2 »
Madagascar, poème historique, L. Badel, à Châteauroux (*Epuisé*)...................... » 50
Aux Boers, Poésie dite par M. Davrigny, de la Comédie-Française.. .... » 50

———————

THÉATRE

Voltaire à la Bastille, 1 acte en prose, en collaboration avec Paul de Tournefort, représenté en 1889.

A MA CHÈRE FEMME,

Ma chère Charlotte,

J'écris de tout cœur ton nom en tête de ce livre. — C'est le bien modeste hommage de ma grande affection.

A. V. de B.

Avant-Propos

Parti de Paris le 28 décembre 1893, par le train de minuit, j'étais de retour dans la capitale le jeudi 15 février, à 6 heures du soir.

J'ai donc, à peu près, passé six semaines à Lisbonne et à Madrid.

C'est le résultat de mes observations ou des notes prises dans ces deux grandes capitales, que je publie aujourd'hui.

Ce sont les croquis préliminaires d'une étude que je me promets de faire sur cette splendide, majestueuse et poétique Europe méridionale où je retournerai dès que la chance me favorisera un peu.

C'est, en résumé, le livre que pourrait écrire tout voyageur quelque peu observateur, détournant ses yeux de l'azur très ensoleillé de ces belles contrées.

Qu'on n'y recherche pas autre chose.

Paris, janvier 1903.

Six Semaines
à Lisbonne et à Madrid

CHAPITRE PREMIER.

D'IRUN A MADRID.

Je ne dirai rien de mon passage à travers les riantes et pittoresques vallées de la Loire, de la Garonne et de l'Adour : elles sont trop avantageusement connues pour en parler, si ce n'est en leur consacrant un livre plus étendu que celui-ci. Et je ferai un saut brusque à notre dernière ville frontière.

Le train arriva à Hendaye un peu avant les premières lueurs de l'aube.

C'est entre Hendaye et Irun qu'est située la frontière franco espagnole : un pont en pierre, appartenant par moitié aux deux nations amies, la limite. On traverse l'île des Faisans, la Bidassoa, et l'on arrive à la première ville espagnole (1).

Comme tout voyageur pressé d'arriver à destination — je me rendais à Lisbonne — je n'ai rien vu d'Irun, si ce n'est la gare qui n'offre, d'ailleurs, aucune particularité saillante : — gare de province où l'on doit forcément séjourner pendant plus d'une heure pour les raisons que je vais indiquer.

Tout d'abord, pour changer de train, la voie espagnole étant plus étroite que la nôtre ; ensuite, pour la visite des bagages par les douaniers, gens très rébarbatifs, qui ont l'air de gendarmes frontières, tant leur uniforme et leurs allures se rapprochent de l'authentique Pandore qui accompagne chaque train de l'un à l'autre pays ; enfin, pour faciliter le change du numéraire, notre argent ayant une valeur supérieure à celui de nos voisins. J'avoue n'y avoir trouvé qu'une différence contraire, le préposé à cet emploi m'ayant rendu, en billets et DOUROS, une somme inférieure à celle versée.

____

(1) — Le dernier village français, en quittant Hendaye, est Béobie, — le premier village espagnol, Beobia. — C'est entre ces deux villages que le pont est construit. — On pénètre également en Espagne par le bac de Santiago, voie ordinaire des contrebandiers, ou par Fontarabia, plus à l'Est, vieille ville espagnole très pittoresque, fréquentée par les touristes.

Les seuls endroits ouverts à cette heure matinale sont le bureau de tabac, où l'on est heureux de faire l'acquisition de quelques-uns de ces beaux paquets de cigarillos (cigarettes), que la régie nous vend si cher. On y trouve également de superbes boîtes d'allumettes, *inflammables au premier choc*.

Cette gare ne comporte pas de buffet, mais une buvette tenue par des Français fort aimables, d'ailleurs, comme tous nos compatriotes que l'on rencontre « tra los montes ».

Le train qui se remet en marche par un froid très vif, qui fait regretter la tiédeur bienfaisante de la vallée de l'Adour, est littéralement envahi par des gens à mines grotesques, rappelant la physionomie de Sancho Pança. Leur mise, d'une propreté douteuse, mais d'un négligé certain, n'a aucun rapport avec le costume espagnol approprié aux personnages de nos opéras comiques. Ce sont, en grande partie, de petits commerçants aisés à houppelande grise ou jaunâtre, coiffés de casquettes en peau de loutre ou en poil de lapin ; des femmes emmaillotées dans d'épais châles gris sans frange, les cheveux entourés de foulards de coton *presque blancs* ou de couleurs ; des marchandes ayant aux bras de nombreux paniers vides qu'elles vous mettent familièrement sur les genoux, quand elles ne s'y assoient pas elles-mêmes, tant les voitures sont bondées au départ.

Tous ces Espagnols de devant les fagots parlent

un charabia criard, discordant, énervant, et si peu compréhensible, que l'on y perd le peu d'espagnol que l'on possède. Leur présence s'explique par un marché qui se tient à quelque dix lieues de là, je ne sais trop où.

Ces gens, malgré leur rugosité, sont affables et accueillants. Dès San Sébastian, ils font les préparatifs très sommaires de leur premier repas, et vous en offrent le partage : quelques morceaux de viande ou de poisson qu'ils tiennent à pleine main et vous tendent en vous demandant si vous l'aimez... ; une gourde rebondie, contenant un vin du crû, qu'ils vous présentent après y avoir longuement et franchement lippé !

De riches prairies verdoyantes et de riantes collines boisées se dessinent de toutes parts : l'aspect est déjà saisissant de pittoresque.

On traverse Astigarraga, Ernani, Andoain, où l'on suit pendant un temps le cours de l'Oria, qui fertilise la contrée, et l'on arrive à Tolosa, grande ville et capitale du Guipuzcoa qui, avec la Biscaye et l'Alava, forment le pays basque.

On passe à Villabona, Legorreta, d'où l'on aperçoit une montagne en pain de sucre : l'Alalar ; à Villafranca, en pleine chaine cantabrique, et l'on est à Ormaïesteguy, village sans importance, mais qui mérite bien une mention pour sa situation spéciale. — Ormaïesteguy est assis au fond d'une vallée entourée de coteaux boisés et de prairies ayant pour décor des montagnes aux cimes verdoyantes ou neigeuses. Le train passe sur un viaduc d'un demi kilomètre de long, soudant l'une à l'autre deux montagnes. L'aspect du panorama est enchanteur, je n'en connais aucun qui m'ait plu davantage, à part Cintra, en Portugal, à deux heures de chemin de fer de Lisbonne, dont j'aurai à parler longuement.

Si je ne m'étends pas autrement sur la chaîne cantabrique, c'est parce qu'à cet endroit de Villareal, elle s'appesantit assez lourdement sur le voyageur.

En effet, de Villafranca à Zumarraga-Villaréal, on ne traverse pas moins de dix à douze tunnels d'une longueur désespérante et la voie qui va toujours en montant de Brincola à Araya, disparaît sans cesse, et à intervalles inégaux, sous d'immenses blocs granitiques : rochers en pointe, très abrupts, coupés de bois de chênes, de hêtres et de châtaigniers; cimes escarpées sur lesquelles pendent, comme tenus par un fil, tantôt des collines, tantôt de petits groupes d'arbres qui ont l'air de sentinelles avancées dans un pays désert!

On entre en Navarre et, depuis Alegria, qui est presque à une portée du canon de Bange, le terrain est moins accidenté. On aperçoit de nombreux villages aux clochetons plus ou moins ajourés; d'immenses prairies baignées de fréquents cours d'eau ; de gras pâturages et un bois assez vaste planté de pins.

Jusqu'ici, quoi que je fasse, et quelque démesurément grands que j'ouvre les yeux et promène mes regards, pas l'ombre d'un castel. L'expression populaire de « construire des châteaux en Espagne » ne serait-elle qu'un mythe ?

Voici VITTORIA, ville imposante et capitale de l'ancienne province de l'Alava, très ensoleillée et bien campée sur une colline d'où la vue s'étend sur une immense plaine d'une entière fertilité ; Manzanos et Miranda de Ebro, où l'on entre dans la Castille, ou plutôt dans la Vieille-Castille, car la Nouvelle a pour capitale, la capitale même de l'Espagne.

De Miranda, l'aspect est tout autre : on gravite par des rampes très raides vers la Sierra Ona, traversant presque à pic des masses rocheuses énormes et d'un coup d'œil sauvage.

Dans le lointain, à perte de vue, apparaissent les monts de SANTANDER.

Un peu au-delà, à Pancorbo, un nouvel amas de roches imposantes s'élèvent, opposant leurs flancs bombés ou anguleux à la vapeur qui nous emporte. Un torrent, puis la vague silhouette d'un château !... Car ce sont bien les ruines d'un castel construit par les Maures. C'est à Pancorbo, ou aux environs, que Wellington dut rebrousser chemin, en 1813, as-

sailli par les flancs-garde de notre armée, qui s'é-
taient embusqués dans les gorges et les ravins.

Viennent Olalla, Briviesca ; Quintanapella, dont
on vante les grottes profondes toutes pleines de
stalactites et de stalagmites de la plus belle con-
cression cristalline ; et voici Burgos, capitale de
Castille-la-Vieille, résidence des premiers rois et
berceau du Cid.

On connaît beaucoup Burgos par les attachants
récits de Dumas père (1), les magistrales descriptions de Gautier (2), et les notes précises d'Élysée
Reclus, de Bouillé, etc. .

Je ne connais pas autrement cette antique et
glorieuse ville, n'ayant pas eu le loisir de m'y arrêter, mais je considérerais comme une profanation
de la traverser sans rappeler les souvenirs historiques qui s'y rattachent.

Burgos — disent les uns et les autres — est une
ville d'environ trente mille âmes. Toute l'histoire
héroïque du Cid, alors qu'on la détache des récits
merveilleux de la légende, appartient à Burgos.
Les rois s'y sont succédé tenant à distance l'invasion
musulmane et, lorsque cette puissance croula à
Grenade sous les armes des rois catholiques, Isabelle et Fernando d'Aragon, il se fit une espèce

(1) De Paris à Gibraltar.
(2) Voyage en Espagne.

d'unité des royaumes espagnols.

L'importance de Burgos comme centre de l'indépendance de la Castille, à la suite de la domination des Goths, date du moment où une assemblée de nobles et de gens d'église décida de confier la direction des affaires à deux juges indépendants, ayant les attributions des juges du peuple hébreu et des conseils romains. Ce pouvoir, qui avait appartenu à Diégo Porcellos, fut réuni à Loïn Calvo contre *Léon* et contre les *Asturies*, puis à Nuno Rasura.— Fernan Gonzalès, son petit-fils, élu comte-souverain de Castille, résida à Burgos. Ses fils lui succédèrent et lorsque mourut Garcia Sanchez, son petit-fils, le pouvoir échut à Don Sancho El Mayor, comte de Navarre, beau-frère de ce dernier.

Après lui vint Fernando, qui fut surnommé le Grand, lorsqu'il parvint à réunir à la Castille les royaumes de Léon, de Gallice et les postes avancés de Toro et de Zamora.

Ce fut la glorieuse époque de Burgos qui, à la suite d'une grande bataille livrée dans les camps de la Verdad, non pas aux Maures, mais à une armée coalisée des rois de Navarre et d'Aragon, vit surgir le Cid, c'est-à-dire Rodrigo Diaz de Bivar, *arrière-petit-fils de Nuno Rasura.* (1030).

Rodrigo Diaz de Bivar se signala par ses exploits sous les règnes de Ferdinand Sanche II et Alphonse VI, frères ennemis, dont l'un était roi de Léon, l'autre roi de Castille, et se faisaient la guerre.

Sanche ayant été assassiné et remplacé par Alphonse, le Cid fut disgracié et quitta la Cour. Dans sa retraite, il rassembla ses amis et ses vassaux, marcha contre les Maures, les battit en plusieurs rencontres, s'empara de TOLÈDE (1085), de VALENCE (1094) et, par ses exploits, força le roi à le rappeler et à lui donner sa confiance.

Ayant vaincu cinq rois maures, les députés que ces rois lui avaient envoyés, le qualifièrent, en le voyant, du titre de *Seid* ou Cid, c'est-à-dire Seigneur. Ce nom lui resta depuis. On le nomma aussi Campeador, mot qui parait signifier le « héros des camps ».

Faut-il rappeler l'anecdote relative au coffret contenant les trésors du Cid (ou du moins les prétendus trésors, car il était plein de pierres de taille), coffret que le héros mit en gage, pour son pesant d'or, chez un juif de Burgos. Et ne vaut-il pas mieux, pour la description de la majestueuse cathédrale et des merveilles qu'elle contient, renvoyer au « Voyage en Espagne », écrin garni des plus riches joyaux et dont on apprécie toujours le prix à cinquante ans d'intervalle.

Avant Valladolid, une petite ville, Torquemada, où j'aperçois pour la première fois des vignes. Puis, le grand centre de l'Université espagnole, VALLADOLID, qui fut la capitale de la Castille après Burgos et avant Tolède, jusqu'au règne de Philippe II, qui la transféra où elle ne cessera d'exister tant que l'Espagne prospérera. Valladolid, qui a près de soixante mille âmes, est le centre intellectuel de l'Espagne. Douze cents étudiants, venus des provinces les plus reculées du pays, y suivent les cours de ses écoles spéciales, académies des Beaux-Arts, etc.

A Valladolid, on est juste à cent lieues de la frontière française : on en est à mille au point de vue de la végétation. Ce sont, çà et là, de rares pinhadas (bois de pins), qui ont pourtant suffi pour dessécher les prairies, car celles-ci, peu ensemencées, se dessinent à peine sur de vastes plaines sablonneuses. On passe à Viana, qui n'a rien de saillant, à Pozaldez et l'on arrive à Medina del Campo, grande station tête de ligne où s'estompent à l'horizon les hautes cimes du Guadarrama. Après, c'est Arevalo, au sol moins aride, où l'on voit encore, de temps à autre, des bois de pins, et dans le lointain, les sommets formant dentelure des montagnes de la Sierra d'Avila et de Somosierra. On passe à San Chidrian ; à Velayos, où les montagnes, les précipices, les ravins succèdent à la plaine ; à Mingoria, qui paraît à peine équilibré sur une colline et où l'on est perdu dans un dédale de montagnes de toutes les formes, de toutes les massivités, de toutes les hauteurs, d'où l'on craint de ne pouvoir sortir sain et sauf ; à Miraflores, où paît un troupeau d'un allongement démesuré, composé de tous les animaux domestiques de la création ; à Avila, où de petits bois, également distancés, sont pareils à des touffes d'herbes, pointant sur la lointaine prairie.

Ici le paysage est morne et désolé, et l'on atteint le pic le plus élevé, sur lequel passe un chemin de fer d'Espagne. C'est le pic de la Cagnada ; l'on est à près de 1400 mètres d'altitude

Le train, qui avait ralenti, court à toute vitesse pour rattraper les minutes perdues ; traverse Navalpéral, village appartenant au duc de Médina Cœli, où s'étend une vaste forêt de chênes, de hêtres et de pins ; Las Navaz del Marques où sont les vestiges d'un château construit par les Maures. Un bourdonnement se produit : c'est le passage rapide sur le ravin du torrent de la Pana. Après une dizaine de tunnels apparaît Robledo, puis l'Escurial que j'espère visiter à mon retour de Lisbonne; Villalba ; Torre Lodones, où se dresse un château fort ; Las Rosas, où la campagne, qui était morne depuis quelques heures, se transforme comme par enchantement. On voit Pozuelo dans une plaine entourée de jardins ; Arravaca sur un château ; Chamartin, d'où Napoléon partit avec son armée d'Espagne pour aller à la recherche des Anglais ; et, deux ou trois lieues à peine franchies, l'on est à MADRID.—

CHAPITRE II

J'arrivai à Madrid entre 5 et 6 heures du matin.
Je dus séjourner dans le buffet de la gare jusqu'au
petit jour, pour ne pas tomber aux mains des innombrables guides ou interprètes qui attendent
l'arrivée des trains et guettent les voyageurs comme
toute proie facile. Parmi ceux qui m'offrirent
leurs services, un seul — un Français — ne tenta
point de me tromper. Il me donna gratuitement
les indications nécessaires pour mon embarque-
ment d'une gare à l'autre, me conseillant, vu la
distance, de prendre une voiture.

Je montai dans un véhicule aux carreaux bri-
sés, flanqué d'une bête poussive et affamée, qui mit

bien une demi-heure pour se rendre à la gare des
Délicias. Cette haridelle s'arrêta sur tous les tas
d'ordures que nous rencontrâmes, où elle trouvait
sans doute le meilleur de sa maigre pitance. Je me
rappelle que vers la fin du trajet, nous descendî-
mes une côte rapide longeant un fossé sans rampe
ni garde-fous, où les cahots incessants de la voiture faillirent me précipiter.

A l'arrivée, un gallego — sorte de porte-faix appartenant à la classe la plus laborieuse de Madrid —
se mit aussi complaisamment à ma disposition que
le compatriote que je venais de quitter. Il me conduisit dans un cabaret de piteuse apparence où je
pus faire une toilette sommaire. Je l'en récompen-
sai par quelques pièces de monnaie et par quelques
verres d'aguardiante que nous prîmes à la buvette
de la gare.

Quand je dis « buvette », l'expression est un peu
risquée. C'est tout simplement un grand panier
d'osier posé sur une chaise, panier appartenant à
une bonne vieille qui est la débitante des liquides
qu'il contient. Ceux-ci ne sont que de deux sortes : l'aguardiante déjà nommée et le vino blanco.
La fièvre occasionnée par les fatigues du voyage
me fit boire une certaine quantité de l'un et de
l'autre, et je ne tardai pas à en éprouver une douce
griserie. Ce fut un peu la cause des désagréments
qui m'arrivèrent à Ponte de Sor, en territoire portugais.

Pour ne pas anticiper, je reprends le cours de mon itinéraire.

Le train, montant dans la direction de la frontière de Portugal, se remit en marche vers 9 heures et demie.

La première localité que l'on rencontre est Villaverda, dans la direction de Tolède ; on croise Leganès où est une maison de fous et l'on est à peine en route depuis un quart d'heure que l'on atteint, à Humanès, le point culminant de la ligne d'Estremadura. On passe à Grignon, où est le palais du duc de Santiago ; Illescas, où François Ier allait compléter les loisirs champêtres de sa captivité ; Azana ; Villaluenga ; Cabanas, où s'étendent de belles plaines plantées d'oliviers ; Bargas, qui parait un centre assez important et où existent de belles usines ; Torrijos, qui fut une ville forte du temps des Maures ; Santa Olalla aux maisons en briques ; Illan et Cebolla, dans la vallée du Rio Sandesa, point à partir duquel le train s'avance en demi-cercle décrivant une courbe assez accentuée ; Monte Aragon, où le Tage, que l'on aperçoit pour la première fois, coule dans un terrain planté de vignes. La station suivante est *Talaveira de la Rehna*, ville de 12 à 13 mille habitants, où l'on traverse le fleuve sur un pont d'une vingtaine d'arches.

Le terrain est animé par d'assez vastes jardins et les terres, très productives, sont plantées en céréa-

les, dont Talaveira est le plus important marché de
la vallée du Tage. Les montagnes, qui ne cessent
d'apparaître, dans une perspective plus ou moins
éloignée, forment parfois deux et trois ceintures. —
Viennent Calera, sur une petite éminence ; Alca-
nizo en plaine ; Oropesa, d'où les tourelles d'un
vieux château démantelé s'élancent élégamment
vers le ciel. Les montagnes qui se dessinent davantage permettent de distinguer les monts de
Tolède de ceux du Guadarrama plus sinueux et
s'inclinant vers le Sud-Ouest. — On est dans la
vallée de Vera Plasencia, fertilisée par le Tage et
produisant une abondante végétation.

Après Calzada, qui limite la province de *Cacerés*,
l'on entre dans le pays forestier de Navalmoral de
la Mata, planté de chênes-lièges, de bouquets de
hêtres, de rares pins. C'est à quelques lieues de
là qu'est situé le monastère de Saint-Just où Charles-Quint prit sa retraite.

A Cazatejada les ruines d'un castel, puis un pont
très élevé dont les deux extrémités reposent sur des
rocs. — On voit sur une colline un petit bourg, la
Malpartida de Plasencia puis, presque aussitôt,
Plasencia, ville construite par Alfonso de Castille
vers la fin du xr° siècle. Cette ville, au haut de
laquelle subsistent les ruines d'un château fort, est
entourée de murailles percées de six portes. Elle est
flanquée de 50 à 60 tours demi-rondes et fut habitée
par la famille de Christophe Colomb qui, bannie

du royaume à la suite de troubles politiques, se réfugia à Gènes.

Mirabel, qui s'ouvre dans de beaux terrains plantés de vignes et d'oliviers, est entourée de jardins splendides d'orangers et de citronniers, les premiers qui s'offrent aux regards du voyageur depuis la frontière. C'est une petite ville bien exposée au soleil au haut de laquelle sont des montagnes dentelées servant de base aux ruines d'un castel du XIIe siècle, dont les Castillans s'emparèrent sur les Maures.

On entre, à Zapatero, dans un massif montagneux fort accidenté ; on voit poindre la vieille tour démantelé de Canaveral de Alconetar ; des palmiers magnifiques émergent des maisons entourées de jardins, riches en citronniers et en orangers ; on passe à Casar de Cacerés ; El Aroyo Malpartida, où les trains de marchandises en arrêt sont tout chargés de phosphate de chaux ; à *Caceres*, l'une des deux capitales de l'Estremadura, dont la plus importante est *Badajoz* ; à Aliseda, au bas de la Sierra de San Pedro, très boisée, très accidentée ; à San Vicente, et l'on est à la gare frontière de Valencia de Alcantara, ville fortifiée et défendue naturellement du côté de l'Espagne par d'énormes blocs de granit et d'ardoise. Valencia, qui remonte à Trajan, appartint aux Portugais pendant un demi-siècle ; elle retourna à l'Espagne, en 1698, après la paix de Lisbonne.

On pénètre en Portugal par un pont jeté sur le Rio Sever, au milieu de terrains incultes qui s'étendent jusqu'à Marvao, où les douaniers inquisiteurs viennent visiter les valises. Ici, la chaine de l'Estremadura portugaise se dessine par les monts de Portalegre tout couverts de hêtres et de châtaigniers. On voit Castello de Vide, ancienne cité romaine qui possède un magnifique château construit par les Maures; Peso; Cunheira; Torre das Vargens, où la voie coule entre deux rangs de magnifiques eucalyptus, arbres très communs, d'ailleurs, dans tout le Portugal; enfin, Ponte de Sor, nom sans aucune signification pour les neuf-dixièmes des voyageurs, où mes souvenirs se fixent malgré moi et où je m'arrêterai — cette fois librement! — en retournant en Portugal.

Un accident de route occasionné par l'aguardiante absorbée à Madrid me fit séjourner plus que de raison dans Ponte de Sor. On m'avait volé mon bagage à la frontière portugaise et subtilisé, dans mon porte-monnaie, qui dormait aussi inconsciemment que moi sur la banquette de seconde classe, mon billet de chemin de fer et les quatre louis français qui me restaient en réserve pour mes menus frais de route.

L'honnêteté de mon voleur s'était bornée, en m'allégeant de ma valise et en vidant ensuite mon escarcelle, à me laisser environ deux douros et quelques sous de monnaie espagnole.

Dans l'impossibilité de présenter mon billet, l'employé ambulant du chemin de fer qui, pourtant, avait exercé son contrôle à Alcantara, me fit descendre à Ponte de Sor. — Il pouvait être onze heures ou minuit.— On m'amena devant le chef de gare qui, ne comprenant pas le premier mot de français, ne sut point deviner mes explications et trouva simple de m'enfermer dans la salle d'attente.

J'y passai une nuit très agitée.

Le matin, à sept heures, j'eus soif et d'autres besoins tellement impérieux qu'au risque même de passer par la fenêtre, donnant sur le quai de la gare, il fallait les satisfaire.

Pour sortir de ma prison, je n'eus qu'à tirer les verrous de la double porte vitrée, qui céda au premier effort, et je pus aller me promener dans la campagne.

Un panorama enchanteur se déroula devant mes yeux. — La perspective lointaine présentait des monts presque imperceptibles dont les lignes onduleuses se découplaient hardiment sous un ciel étincelant ; des montagnes à droite et à gauche au premier plan laissaient deviner, par leurs fréquentes interruptions, des gorges larges et profondes. Une immense pépinière de chênes lièges couvrait toute la prairie où pousse, sans culture, une variété de plantes grasses dont la moindre vaudrait plus d'un louis dans nos zones tempérées.

Je passai là deux heures fort agréables et retournai vers la gare où je trouvai mon geôlier tout penaud de ma disparition. Je la lui expliquai par gestes. Voyant qu'il n'avait pas affaire à un malfaiteur, il m'invita à un maigre déjeuner que n'eût guère envié un Spartiate tant soit peu affamé.

Cet incident de voyage que je relate a surtout pour but de mettre en garde contre les voleurs ceux qui, comme moi, traversent ces contrées sans en connaître la langue. Les vols de bagages, — les *équipages* comme on dit en espagnol et en portugais, — sont fréquents: ceux des valises et autres objets à la main, sont encore plus nombreux. Il faut tout craindre dans ces pays où il n'existe guère de police que dans les grandes villes ; où les plaintes des voyageurs ne sont jamais admises ; et où l'on vous laisse dans le plus grand embarras si vous n'avez pas les fonds voulus pour vous rendre à destination.

Le train repartit vers deux heures de l'après-midi, traversant la vallée du Tage pour arriver à Abrantès, que Napoléon érigea gratuitement en duché pour anoblir Junot. — Abrantès, qui apparait dans d'épais bouquets d'eucalyptus gigantesques, est tout entouré de jardins de mimosas, de géraniums et d'orangers. On domine la vallée qui est encadrée de hauts buissons d'amandiers, de thyms sauvages et de rares lauriers roses et cerises. De toutes parts, une opulente frondaison de chênes lièges et de vastes pins parasols, assez communs dans la région.

La voie ferrée, je le répète, ne cesse de courir entre deux rangs d'eucalyptus à fleurs cotonneuses un peu semblables à de grosses reines-marguerites. Beaucoup d'oliviers mais peu de vignes à l'horizon, quoique le pays soit très viticole.

Après Abrantès, Tramagal, où l'on passe sur la Tage à la hauteur d'une vingtaine de mètres, Praia, où se dresse, dans une petite île, un ancien castel remontant aux Templiers ; Tancos, Villanova de Basquinha, perdu dans un petit bois ; et Entroncamento, où force me fut de faire un nouvel arrêt qui ne dura pas moins de vingt quatre heures.

En quittant Ponte de Sor, j'avais remis au chef de gare le peu d'argent qui me restait. Il me délivra, en échange, un billet que je croyais valable jusqu'à Lisbonne. Il n'en était rien.

Force me fut de descendre, malgré mes plus énergiques protestations, tandis que le train, qui laissait là les voyageurs à destination de Porto, repartait à toute vitesse.

Je demandai à un employé de la gare parlant français de m'expédier à Lisbonne, même dans un train de marchandises et *contre remboursement.* Il en référa à son chef de gare, fonctionnaire très galonné mais peu courtois, qui ne voulut rien entendre.

Force me dut, dis-je, de rester à Entroncamento

où, grâce à l'amabilité du propriétaire du buffet, un de nos compatriotes, je pus faire passer une dépêche pour qu'on m'envoyât des fonds. Cette dépêche, qui coûta cinq cents reis pour vingt mots environ 2 fr. 50), ne fut transmise que le lendemain à Lisbonne. Je dus passer une énervante nuit dans la salle d'attente, exposé à tous les vents et sans nourriture.

Un Italien que je rencontrai sur le quai de la gare, m'invita à venir prendre une tasse de café, non pas au buffet... mais dans le village. J'acceptai, heureux de trouver quelqu'un avec qui parler une langue plus harmonieuse, plus compréhensible. Il adorait la France, déplora l'aveuglement de son pays à courir les chances plus que problématiques d'une union allemande et ajouta qu'il ne prendrait jamais les armes contre ceux qui avaient fait l'unité et l'indépendance de sa patrie. Étant tous deux en pays étranger, sa sincérité ne pouvait être douteuse.

Je le mis au courant de mon embarras ; il m'offrit de prendre mon billet, service que je ne crus pas devoir accepter, n'étant pas connu de lui.

Je me rappelle cette particularité que, dans le cabaret où nous nous reposâmes pendant près d'une heure, un de ses amis vint le rejoindre. Il me dit, après avoir entendu les quelques mots français dont nous entrecoupions notre conversation :

— Français... Français... Montauban !

— Mais, répliquai-je, pensant qu'il me comprenait, qu'il avait voyagé en France et vu la ville dont il parlait, Montauban est assez bien, mais Paris est mille fois mieux.

Il répéta quand même et obstinément :

— Français. . Montauban !

Ma stupéfaction fut à son comble, quand le cabaretier, sa femme, ses enfants, ses clients faisant le tour de moi comme d'une bête curieuse, redirent avec la même conviction :

— Français... Montauban !

Je pensai : il est étrange de voir combien sont nombreux les gens de ce pays qui ont vu ou connaissent notre ville du Midi, qui n'a cependant rien d'extraordinaire.

Je n'eus que plus tard, à Lisbonne, la clé de cette énigme. Ils voulaient dire : « Français ? C'est très bien ! » ou, en d'autres termes : « Nous aimons les Français ! »

Toute la nuit exposé dans cette gare aux courants d'air, la matinée du lendemain sans argent pour satisfaire à un appétit que stimulait un air vif, sain et pénétrant, j'errai dans le village, puis dans la campagne.

Le village, qui a quelque analogie avec une petite localité du département de la Somme, quant au genre de constructions, est tout planté d'orangers dont sont bondés les jardins de chaque mai-

on, arbres portant leurs fruits mûrs et très savou-
eux en plein cœur de l'hiver. Adossé au poste des
douaniers, un mimosa en fleurs, dont les plus
hautes branches atteignaient à la hauteur du second étage. Cet arbre extrêmement chevelu lançait
es capiteux effluves à cent mètres de là. A gauche,
dans un baraquement appartenant à la gare, un
champ d'orangers : au moins trois cents arbres
couverts du fruit des Hespérides. A droite, la campagne toute plantée de beaux oliviers presque cen-
tenaires ; des oiseaux aux plumes multicolores, au
ramage gracieux et très rythmique ; des troupeaux
de moutons broutant en plaine sous la garde de
chiens, tandis que les bergers chassent la perdrix
rouge qui abonde dans ces pays. Partout, au bord
des ruisseaux, de larges et épais cactus, des ricins
presque séculaires qui feraient le plus bel effet dans
nos serres et qu'ici l'on foule dédaigneusement aux
pieds...

Je n'eus de réponse à mon télégramme que le soir
à quatre heures et repris le premier train partant
pour Lisbonne. J'avais séjourné vingt-quatre heures
complètes dans ce petit coin peu fréquenté du Portugal, m'y ennuyant énormément alors que, pour
gagner du temps, j'avais hésité à aller contempler
les innombrables merveilles de Burgos, voulant
arriver le 1er janvier dans ma famille !

J'avais hâte d'être dans la capitale !

Je passai à Matto de Miranda, à Valle de Figueira

à Santarem, où l'on voit une vieille forteresse, vil
qui eut son heure de célébrité sous les Romains ;
Carregado ; à Villafranca da Xira, qui fut fond[é
par les Français au temps des guerres avec les Mau
res ; à Alhandra, d'où l'on aperçoit les fameuse[s
lignes de Torres Vedras, qui arrêtèrent l'armée d[e
Soult dans sa marche sur Lisbonne ; à Alverca, o[ù
l'on voit l'Océan ; à Povoa, où l'on s'occupe de l'é
lève des chevaux et où paissent en liberté de[s
bœufs sauvages, pays qui a des salines assez éte[n
dues ; à Sacavem, petite localité assise au bord d[u
Tage ; à Olivaes, où sont de vastes champs d[e
colzas ; enfin, à Poco do Bispo, où sont plantés le[s
derniers eucalyptus qui assainissent considérable[
ment toute la région.

J'étais à Lisbonne entre onze heures et minuit.—

LISBONNE

Lisbonne.

CHAPITRE III

Lisbonne la nuit est une ville morne, mal, peu ou
point éclairée. La gare où l'on débarque, — l'ancienne gare, — peut avoir quelque attrait architec-
tural, mais elle n'a que celui-là et c'est peu.

Pour entrer dans la ville, on descend un quai
d'une déclivité assez rapide où répandent seules
leurs lueurs d'un jaune terne deux ou trois de nos
lanternes parisiennes du plus ancien modèle.

Au bas de la pente, au moment où je cherche à m'orienter pour gagner le Chiado, où habite ma famille, j'aperçois un militaire chargé de son sac et de nombreux impédimenta qui suit la même route que moi — Je lui demande mon chemin.

C'est, si je puis comprendre par ses gestes, par ses paroles se rapprochant de l'italien, — et surtout du provençal que je parle assez couramment quoique parisien, — un sous-officier de cavalerie. Il vient en congé d'un mois à Lisbonne.

Il m'offre tout en marchant des cigarettes, puis des oranges qu'il tire de l'un de ses sacs — le malheureux en a bien cinq ou six sur le dos ! — et il m'entraîne, par des ruelles étroites et cailloutées, vers ce que j'appellerais la ville basse, s'il ne fallait tant monter. — Certain qu'il me conduit au Chiado, je le suis docilement.

Nous faisons une première station dans un petit café où j'hésite un peu à entrer, vu l'heure tardive.

Là, sont attablés quelques ouvriers du port buvant ferme ; deux ou trois employés du chemin de fer et, dans le fond, sur une haute banquette recouverte de cuir, deux joueurs d'un instrument ayant quelque analogie avec la guitare. Leurs lyres à cordes sont posées sur la table de marbre et ils jouent, très compréhensiblement d'ailleurs, bien que le rythme ait un son de chaudrons qui se heurtent et de toute une ferblanterie qu'on secoue,

des airs de nos opéras ou de nos chansons popu-
laires un peu démodés.

Nous prenons du café. — Rien de particulier si ce
n'est le sucre, qui est en poudre, et a bien quelque ressemblance avec la cassonnade. Il nous est
servi par une jeune fille de dix-huit ans au plus
très accorte, en toilette tendre et légère, que je
soupçonne fort d'avoir quelque analogie avec nos
femmes de brasserie.

— Marguerite ! — me dit le défenseur de la patrie
portugaise en la désignant. — Et sans plus de cé-
rémonies, après l'absorption de trois verres de gin
d'excellente qualité, il tire un portefeuille à multiples compartiments d'où il sort une photographie.

— Marguerite, répète-t il encore en me la montrant.

Je ne fis pas autrement attention à cette appella-
tion qui me prouvait simplement que sa fiancée ou
sa maîtresse portait le même nom que la servante
du café.

Mon excellent compagnon, que je trouvais certes
un peu... beaucoup altéré, était d'une gaîté folle. Il
me comblait de prévenances. L'une d'elles consista
justement à aller trouver les musiciens pour leur
faire jouer la Marseillaise.

Je me rappelai les vers de mon ami et collabora-
teur Paul de Tournefort :

> « Avez-vous entendu, sur la terre française,
> » Sans un frisson, chanter la Marseillaise..... »

Je pensai que l'émotion devait être plus poignante, plus saisissante en territoire étranger.

La Marseillaise, quoi qu'on dise, quoi qu'on pense, quelque peu enthousiaste qu'on soit, pourvu qu'on ait la fibre patriotique, vous émeut profondément. C'est l'âme de la patrie qui circule dans son rythme magistral et guerrier ; c'est le souvenir de l'étranger chassé par Dumouriez du sol sacré envahi, qu'elle évoque ; c'est l'espérance d'une revanche ardente, considérable, impitoyable, terrible.. qu'elle inspire ; c'est une page plus belle, plus ample, plus fière que la plus belle ode de Tirtée où pas un vers ne détonne, où pas une note ne discorde si l'on ne l'examine qu'au seul point de vue artistique. C'est pourquoi je l'aime, moi qui ne suis pas un homme politique, et pourquoi je me sens électrisé dès ses premiers accords.

On joua donc la Marseillaise, mais sans âme, sans mesure, c'est-à-dire beaucoup trop vite, ce qui fut loin de me donner les frissons patriotiques dont parle Tournefort. Nous écoutâmes ensuite La Portugaise, dont l'air se rapproche beaucoup de notre hymne national.

Le temps avait fui assez rapidement ; il était deux heures ; on fermait.

Mon compagnon m'entraîna vers la sortie, me fit repasser par de non moins étroites et montantes ruelles. Après une marche de dix minutes, très fatigante vu les défectuosités du terrain, il m'arrêta

net devant un rez-de-chaussée où il prononça pour
la troisième fois le nom de Marguerite.

Marguerite... ? Ce prénom, sans doute gracieux,
me rendait perplexe. Quelle signification pouvait-
il avoir dans cette ruelle obscure et tortueuse, dé-
serte à cette heure ?

Je ne tardai pas à être fixé.

A deux pas de nous, au rez-de-chaussée dont je
parle, un rideau blanc s'entr'ouvrit et une femme,
n'ayant aucune ressemblance avec la jeune fille du
café ou avec l'effigie que portait sur son cœur le
galant cavalier, apparut à la fenêtre. Après nous
avoir examinés d'un coup d'œil, elle vint ouvrir.
Nous entrâmes dans une chambre propre, assez
luxueuse même : mon guide parlementa avec la de-
moiselle de céans, l'embrassa à plusieurs reprises,
et tira de l'un de ses sacs.... devinez quoi ?... Je le
donnerais en dix mille que personne ne trouverait !
Il en sortit un morceau de fromage pesant bien un
kilogramme ! Le cadeau — car c'était un cadeau
qu'il faisait — fut accepté avec un tel empressement, avec une telle joie que cela me fit frissonner.
Je ne compris que plus tard l'importance du don,
vu la cherté considérable de ce comestible.

— Reviendra, me dit en langage nègre le sous-
officier qui se permettait parfois, sans règle ni
mesure, des mots français. Il m'entraîna vers la
porte, non sans avoir embrassé longuement la personne que nous quittions.

A peine avions-nous fait une vingtaine de pas hors de ce rez-de-chaussée énigmatique que le moderne Faust alla donner du pied dans un pavé anguleux et faillit tomber à la renverse. Il profita traîtreusement de cet incident pour me mettre sur les bras la moitié de son « équipage ». N'étaient l'heure, le lieu, le chargement et le costume, je devais ressembler assez parfaitement au Christ gravissant le Golgotha, tant j'étais peu habitué à ces sortes de fardeaux et à ces quantités d'ascensions.

Nous tournâmes trois ou quatre ruelles où, en étendant les bras, on eût pu aisément toucher les deux rangs de maisons ; nous traversâmes une place en forme d'ombrelle et nous nous échouâmes devant un nouveau rez-de-chaussée où force me fut encore de m'arrêter.

Mon guide assez agité me dit cette fois, avec deux ou trois intonations différentes, le nom de « Marguerite ». Il y mit tant de feu, tant d'animation que je devinai plutôt que je ne compris : nous étions devant une maison dotée d'éléments d'une sécurité douteuse.

Quoique un écrivain doive tout voir, je ne jugeai pas nécessaire de céder à la pression qui m'était faite. D'un mouvement d'humeur, je repoussai le militaire pour continuer le chemin qu'il me barrait.

Un « *police* » passait. Le police est dans Lisbonne un fonctionnaire de même ordre que nos gardiens de la paix. A défaut de phrases, je lui dis à plusieurs reprises le nom de Chiado. Il comprit ; nous fit retourner sur nos pas, ce qui fut non moins pénible que pour venir, les rues étant en pente très rapide ; il nous accompagna jusqu'à la place Don Pedro IV et, cette fois, mon guide arpenta le terrain assez promptement, sans chanter ni parler, jusqu'à destination.

Arrivés au Chiado, qui porte aussi la dénomination de rue Garrett, le sous-officier tapa dans ses mains et le veilleur de nuit apparut.

Il y a, à Lisbonne, des gardiens de rues qui, de concert avec les *polices*, en assurent la sécurité. Celui-ci vint nous ouvrir, et quand j'eus pris congé du sous-officier, il m'accompagna jusqu'au premier pour bien s'assurer que je ne troublais pas sans motif la tranquillité des locataires commis à sa garde.

CHAPITRE IV.

PREMIÈRE JOURNÉE A LISBONNE. — LA RUE GARRETT. — LE MONUMENT DE CAMOÉS. — HISTOIRE DE CAMOÉS.

J'étais excédé de fatigue et rompu par les circonstances énervantes dans lesquelles s'était accompli mon voyage. Je ne dormis guère la nuit de mon arrivée. Je me levai vers dix heures pour compléter les soins de propreté nécessités par une route vagabonde de près de six jours. Cela fait, et mes devoirs de famille remplis, j'allai jeter un coup d'œil inquisiteur sur la rue pour voir si je n'étais pas trop dépaysé.

La rue Garrett, où je me trouvais, est une des plus belles de Lisbonne. C'est, dans une largeur de moitié, notre rue Royale avec une entière sobriété de maisons de style. J'avais, en face de mes fenêtres, le Jockey Club, à droite, le castel San Jorge, à gauche, la place où est le monument de Camoés.

A tout seigneur tout honneur — pour employer l'antique cliché — et j'allai m'incliner devant la statue du grand poëte portugais, en compagnie de mon ami de Fonseca qui se mit complaisamment et infatigablement à ma disposition pendant toute la durée de mon séjour dans la capitale de l'antique Lusutanie.

La statue élevée à la mémoire de ce superbe et puissant écrivain, qui synthétise le génie littéraire portugais dans sa plus haute envolée, n'est digne ni du pays, ni du poëte. C'est une sorte de rotonde de forme octogonale, au sommet de laquelle est campé, dans une attitude désastreuse, l'illustre penseur. Ce grand écrivain qui perdit glorieusement un œil au service de sa patrie, est là dans une pose froide, guindée, sans vie ni mouvement. Sa tête, couronnée de lauriers, n'a rien de la majestueuse distinction que possédait ce doux et profond rêveur ; sa main gauche, qu'il appuie contre sa poitrine, semble s'y être repliée par un mouvement sec, plutôt automatique que naturel.

C'est peu, pour celui qui fit tant pour cette patrie trop tardivement reconnaissante et la dota d'un poëme national auprès duquel « La Henriade » n'est qu'un opuscule incolore.

Le fût du monument est orné des statues de huit savants ou écrivains portugais qui eurent leur heure de célébrité et contribuèrent à la gloire du grand homme : Jean de Barros, Fernao Lopés, Corte Réal,

Pedro Nunès, Castanhéda, F. de sa e Menezes, Azura, Quebedo.

Ils sont d'autant plus embarrassés d'être si près du soleil que des penseurs de l'envergure de Castilho, Herculano, Garrett, ont été mis trop à l'ombre, bien qu'ils personnifient, avec Camoés, l'art portugais dans ce qu'il a de noble, de juste, de parfait, d'éclairé.

Je ne veux pas avoir rétabli l'ortographe du nom de Camoés, que les quatre cinquièmes des étrangers écrivent à tort Camoëns, sans lui consacrer une courte notice.

Luiz de Camoés, né en 1524 à Lisbonne, était fils de Simao Vaz de Camoés et de dona Anna de Sà e Macedo. Exilé de la Cour sur la demande des parents de Catherine d'Ataïde, à qui il avait voué une violente passion, il partit pour Santarem où son désespoir le jeta dans les rangs de l'armée. Il se battit en Afrique et perdit l'œil droit dans une rencontre avec les Arabes au siège de Mazagran.

D'un caractère assez violent et emporté, dans sa jeunesse, il fut emprisonné, en 1552, pour avoir donné un coup d'épée à un serviteur du roi à la procession de Corpus Christi. A la fin de sa détention, qui ne dura pas moins d'une année, il partit pour l'Inde portugaise, séjourna quelque temps à Goa, jusqu'à son nouvel exil, à Macau, où l'envoya le vice roi de l'Inde Barreto, contre lequel il avait écrit une satire.

C'est à Macau même, dans la célèbre grotte qui conserve encore son nom, que Luiz de Camoés a écrit sa plus haute œuvre géniale « Os Lusiades » — les Lusiades — où il chante, dans une langue divine, la gloire de son pays.

Si la louange exalte quelquefois les grands fondateurs de la monarchie portugaise, il pleure des larmes de sang avec Pierre le Cruel, ou, plutôt, Pierre le Justicier, monarque qui, jusqu'à la mort, porta le deuil de la modeste épouse qu'il s'était donnée et dont il sut venger l'odieux trépas. Le récit qui concerne Inès de Castro est celui qui m'a le plus charmé, le plus ému.

Ceux qui ont lu les Lusiades, savent avec quelle conscience Camoés chante les exploits de Vasco de Gama.

Il resta enfermé dans les grottes de Macau pendant cinq années environ. Le navire qui le ramenait à Goa ayant fait naufrage sur les côtes du Cambodge, il se sauva à la nage vers l'embouchure du Mecon, tenant à la main le manuscrit de son poème national.

Victime de l'inimitié du vice-roi de l'Inde, il retourna à Lisbonne en 1569, y publia les Lusiades. L'aveuglement de ses compatriotes fut poussé si loin qu'on ne voulut point lire ce chef d'œuvre immortalisant autant l'auteur que son ingrate patrie.

Camoés navré, écœuré d'être incompris, traîna des jours languissants, vivant dans la misère ou du

produit de la mendicité, qu'un esclave javanais qui
le servait, recueillait la nuit dans les rues de Lisbonne. Il mourut à l'hôpital de cette ville, d'une
maladie de langueur, le jeudi 10 juin 1580.

Ses autres œuvres sont les Lyricas, collection de
compositions d'un caractère individuel, écrites au
goût de l'époque: Autos (ou comédies), écrites deux
ans avant sa mort.

Les restes du grand poëte reposent, depuis quelques années à peine, aux Jéromées, dans l'église de
Sainte-Marie-de-Belem.

CHAPITRE V.

L'ASCENSEUR DU CHIADO. — PLACE DON PEDRO IV (LE ROCIO). — LES TRAMWAYS. — LA RUE AMPARO. — LES MARCHANDS DE BILLETS. — UN CONTO DE REIS. — RUA AUGUSTA. — LE MUNICIPIO. — LA COLONNE DE LA PLACE DO PELOURINHO. — LA PLACE DU COMMERCE. — LE MARQUIS DE POMBAL. — TREMBLEMENT DE TERRE DE 1755.

Nous consacrâmes les jours suivants à une reconnaissance de la ville, errant un peu à tort et à travers par les rues, les places, les avenues et les voyant sans ordre, ce qui suffisait, n'ayant pas à dresser un plan de Lisbonne.

Une *criada* (domestique) me conduisit chez mon ami qui demeurait rua Amparo, où est situé le marché. Pour arriver plus vite, nous prîmes l'ascenseur du Chiado, à l'entrée de la rua Garrett, dans lequel tout le monde est admis moyennant 10 reis (environ quatre centimes).

Cet ascenseur, mieux que toute description qu'on en pourrait faire, donne une idée des montées ou descentes rapides que l'on opère fréquemment dans la capitale. A l'endroit où on le prend pour descendre, on est au pied de maisons qui n'ont pas moins de six étages et l'on arrive au bas d'une rue dont les habitations ont la même élévation, soit donc une différence de niveau du sol de plus de vingt mètres d'une rue à l'autre.

Nous prîmes à gauche et nous arrivâmes place don Pedro, IV où j'étais déjà passé, je l'ai dit, avec le militaire qui me fit voir tant de marguerites.

Cette place qui est presque au centre de la ville en est sinon la plus belle, du moins la plus gaie, la plus vivante, la plus agréable. C'est un peu comme dimensions l'ancienne place royale avec, au milieu les fontaines de la place de la Concorde, deux fontaines microscopiques séparées par un monument élevé à la mémoire de don Pedro IV, colonne corinthienne dont le large et élégant chapiteau à feuilles d'acanthe sert de soubassement à la statue équestre du monarque. L'œuvre est parfaite ; l'ensemble en est gracieux.

Dans le fond, où s'élevait jadis l'hôtel de l'Inquisition, qui envoya tant d'innocentes victimes au poteau, est le théâtre de dona Maria seconde, autrement dit le théâtre portugais, où sont représentées les œuvres des plus purs écrivains de la nation.

Les maisons qui entourent rectangulairement
cette place sont ornées de faïences multicolores
d'un coup d'œil très riant quand le soleil les lèche
de ses rayons.

Ce qui est sans contredit le plus curieux de la
place du Rocio, car elle porte aussi ce nom, c'est la
chaussée que contournent les voitures publiques
et les nombreuses compagnies de tramways, (carris ferro), qui stationnent près du théâtre et dont
on compte bien une vingtaine d'entrepreneurs.

Cette chaussée, faite tout en petits cailloux de
marbre et de granit de nuances et de grosseurs
différentes, réalise d'un bout à l'autre des dessins
très réguliers de forme elliptique d'un effet magique. Le relief est si bien simulé que, parfois, l'on
croit marcher dans une allée large à peine d'un
mètre cinquante et qu'on lève le pied pour en
monter le trottoir qui la borde, alors qu'on n'a
pas un instant quitté une surface plane et parfaitement unie. C'est d'un coup d'œil saisissant.

La rue Amparo est à droite, face au théâtre : c'est
une rue importante seulement au point de vue du
commerce de la ville. On y est arrêté, à chaque
pas, par des marchands de billets de loterie qui
gagnent ainsi bien péniblement mais honorable-
ment quelques reis. — Je dis tout de suite, à la
louange de la ville, que Lisbonne n'a pas de men-
diants. Elle a une population d'hommes droits,
d'esprits virils, d'êtres courageux, infatigables,

acharnés même dans les travaux les plus ingrats. Pour n'être que la sixième grande capitale du monde intellectuel, sociable, civilisé, elle vaut mieux que les autres sous ce rapport. Ici, mieux que partout ailleurs, la sobriété du costume suit la gravité des mœurs et du langage; et l'on voit de petits malheureux crieurs de journaux qui, courant toute la journée comme des dératés, arrivent, par leur activité dévorante, à nourrir leur famille. Ceux-là réalisent au moins la parole biblique : le peu de pain qu'eux et les leurs mangent, ils l'ont bien gagné à la sueur de leur front.

Nous nous engageons rue Amparo où l'on trouve, à tous les quatre pas, des débits de tabac, dont le commerce est libre en Portugal et où sont pendus en guise de tabletterie, des ribambelles de billets de loterie et les résultats des précédents tirages. Le gros lot est, je crois, d'un conto de reis. Ce chiffre, un peu plus de 5.500 francs, indique la pénurie des finances de ce beau pays. Si le petit bourgeois qui possède quelques conto de reis ne se croit pas aussi complètement riche que Rothschild, il est à son aise et s'estime plus heureux qu'un de nos fils de famille ne jouissant que de dix mille livres de rentes...

Les courses de mon ami l'appelant à la douane et au Municipio (Hôtel de Ville), nous prenons la rue Augusta, qui a, à son extémité, un arc de triomphe ; nous passons devant la banque portugaise qui ne mérite aucune mention, malgré la vaste émission de ses petits papiers ; nous voyons la large et correcte façade du Crédit Lyonnais et nous arrivons sur la place du Municipio.

Cette place fut ce qu'était autrefois celle du Châtelet. On y faisait, notamment sous l'Inquisition, de fréquentes exécutions capitales, d'où le nom de Pelourinho (pilori) qu'elle portait encore il y a quelques années. Elle a de remarquable, au centre, une petite colonne torse ajourée, monolithe en marbre d'une certaine valeur, qui s'y ébat à l'aise en attendant la statue du marquis de Pombal qui a là sa place toute marquée.

C'est, d'ailleurs, ce grand ministre qui domine dans la salle des séances du Municipio, où son portrait en pied est retracé de main de maître par un artiste portugais, qui le présente à la postérité un *plan de Lisbonne à la main* : on saura tout à l'heure pour quelle raison.

Pendant que Fonseca règle ses affaires, un coup d'œil me suffit pour voir les splendides peintures en relief du dôme de l'hôtel de ville qui remplacent, à s'y tromper, la sculpture ornementale la plus fouillée et pour regarder de plus près le large escalier de marbre, à quatre rampes, qui accède à la salle des séances.

Nous retournons par où nous sommes venus, nous obliquons à gauche et nous arrivons place du Commerce (praça do Commercio).

En perspective, le Tage, une nappe verte immense et sans rides, car il fait une splendide journée printanière, à l'azur limpide d'un bleu très foncé. Face au Tage, la statue équestre de Don José Ier, haute de cinq à six mètres, monument d'une certaine valeur artistique qui doit être mentionné en passant.

C'est sur la place du Commerce que se trouvent la Douane, les Ministères, le palais de Justice, le Tribunal de Commerce, le Palais des Indes, l'Intendance de la Marine, etc. Un arc de triomphe tracé au-dessus de voûtes analogues à celles de la rue de Rivoli porte en relief les statues de Vasco de Gama, d'Alvarez Pereira, de Viriatus et du marquis de Pombal.

Je me suis arrêté à dessein sur ce grand nom très intimement lié à l'histoire de la Lisbonne moderne et je vais dire, pour ceux qui l'ignorent, ce qu'il fut et ce que la grande capitale lui doit.

Don Sébastian, José, Carvalho Melho, comte d'Oeyras, marquis de Pombal, est né à Soira, près de Coïmbre, en 1699. Il débuta dans la carrière diplomatique comme envoyé extraordinaire à Londres, où il se distingua, ce qui lui valut une ambassade à Vienne. Il resta dans ce dernier poste de 1745 à 1750, époque où le roi don José le pourvut du portefeuille des affaires étrangères.

Les actes principaux de son ministère, qui contribua puissamment à l'élévation du Portugal, sont : l'expulsion des Jésuites, qu'il accusa d'être l'âme de la rébellion du Paraguay, cédé par l'Espagne en 1750 ; la réorganisation de l'armée et des finances ; la suppression des droits d'aînesse et majorats ; la proclamation de l'égalité des citoyens aux colonies, sorte d'abolition de l'esclavage qui pesait sur les hommes de couleur ; la protection des travailleurs par des lois efficaces et l'arbitrage en matière de travail.

Prévoyant les desseins de l'Angleterre, *qui aujourd'hui plus que jamais cherche à faire de Lisbonne une colonie britannique*, il fit les plus énergiques efforts pour dégager son pays du traité de 1703 qui leur livrait le commerce. Il interdit, dans ce but, l'exportation des métaux précieux.

Une faute de sa vie paraît être son refus d'adhérer au Pacte de Famille, que signa le duc de Choiseul en 1761, afin de réunir en une seule toutes les branches de la Maison de Bourbon, alliance acceptée par l'Espagne, Naples et Palerme, et qui était dirigée contre l'Angleterre. Ce fut la seule.

Son plus grand acte fut la reconstruction de Lisbonne, qui venait d'être détruite par le tremblement de terre de 1755, qui anéantit la capitale de fond en comble.

Voici, d'après les renseignements recueillis sur place, ce que fut ce terrible cataclysme.

Le 1er novembre 1755, jour de la Toussaint, alors que les fidèles se rendaient à la première messe,

une secousse formidable se fit sentir suivie presque
aussitôt d'un immense déchirement du sol. En
moins d'une minute, tous les monuments de la ca
pitale, les églises, les couvents, les maisons s'écrou
lèrent ou furent réduits en décombres. Les haut
clochers des temples s'abattant brutalement, écra
sèrent par milliers ceux qui assistaient à l'office e
qui, sur les places ou dans les rues, eussent peut
être trouvé un moyen de salut. L'affolement étai
tel que les gens, ne songeant qu'à leur propre con
servation, ne tentèrent aucun effort pour secouri
les personnes qui leur étaient le plus chères. Si la
catastrophe atteignit largement les églises, elle
n'épargna pas les communautés religieuses, fort
nombreuses alors à Lisbonne, et contenant cha
cune un millier de personnes, qui périrent toutes
sans exception. La prison, où étaient enfermés
neuf cents individus et l'hôpital général contenant
douze cents malades, subirent le même sort.

Le roi et sa famille entendaient la messe à Sainte-
Marie de Belem, située à une heure de la ville : ils
ne durent leur salut qu'à leur absence, le palais
royal s'étant écroulé dès la première secousse.
L'ambassadeur d'Espagne, entré en fonctions depuis peu, périt avec toute sa maison et son personnel.

Pour parfaire l'anéantissement de la ville, le feu
occasionné par la combustion des matières inflammables qui se trouvaient dans les maisons, se dé

clara en même temps sur plusieurs points. Enfin, conséquence logique de cette perturbation volcanique, la haute mer fit déborder le Tage dont le flot monta à plus de trente-cinq pieds au-dessus du plus fort étiage connu, emportant, avec des maisons entières, la foule qui s'était réfugiée sur les quais.

Quarante-mille individus périrent dans cette épouvantable catastrophe.

Il fallait donc reconstruire Lisbonne entièrement.

Ce fut l'œuvre à laquelle se consacra Pombal, y vouant tout son génie, toute son activité et employant en même temps une grande partie de sa fortune à secourir les malheureux. L'influence si noblement acquise par ce grand homme porta ombrage à don Pedro III, successeur du roi Joseph. Il fit réviser le procès de ceux que Pombal avait rappelés au respect des lois et, pour prix de tant de services, il le déclara criminel d'Etat et l'exila en 1781.

Pombal mourut en exil l'année suivante.

Il est aujourd'hui, avec Camoës, la plus haute idole de tout patriote portugais.

CHAPITRE VI.

LE TAGE. — LE PORT. — LES QUAIS. — PLACE DOS ROMULARES.—NA PRAÇA 24 DE JULHO. — SA DA BANDEIRA. — TRAVERSÉE DU TAGE DE LA PLACE DOS ROMULARES A CACILLAZ (OUTRA BANDA). — PANORAMA DE LISBONNE.— LES VIEUX REMPARTS.— LES RUINES. — LE QUARTIER DES JUIFS. — LE CASTEL SAN JORGE.

On ne comprend guère ce fait d'un fleuve s'élevant à 35 pieds au-dessus de ses eaux ordinaires, qui se produisit lors du tremblement de terre de 1755, si l'on n'a une connaissance parfaite de la largeur qu'atteint le Tage à Lisbonne. Il est là à deux pas de son embouchure. A ce point extrême de son cours ce n'est plus un fleuve ordinaire. C'est une immense nappe d'eau non endiguée dont la surface atteint, depuis Lisbonne jusqu'à la mer, onze mille hectares et dont la profondeur varie de

20 à 30 mètres. C'est une rade superbe où les vaisseaux trouvent un abri sûr et tranquille, si ce n'est dans des circonstances exceptionnelles comme celle relatée : c'est une vaste nappe verte, à peine ridée par les grosses embarcations qui font le trajet de la capitale à Cacillaz et plus loin, à Cascaës, c'est-à-dire à la mer ; un port majestueux, sans grève, sans digue, où, dans sa largeur non interceptée par les montagnes, le flot se confond au nuage dans une perspective assez lointaine ; un port où, devant Lisbonne même, battent pavillon les vaisseaux de toutes les puissances.

Les quais (caés), sans parapets, ont une largeur moyenne ; ils sont entourés sur la rive droite, où est située la capitale, de gaies habitations. On y trouve le marché au poisson et deux élégantes places : celle dos Romulares, où l'on voit la statue du duc de Terceira, qui défendit la ville contre les Anglais, et Na Praça 24 de Julho, formant square où est élevé un monument très caractéristique à la mémoire de Sà da Bandeira. Le général marquis de Sà da Bandeira y est représenté en pied dans une attitude très martiale. Il est fièrement campé sur le haut socle de pierre, tenant du bras gauche qui lui reste, le drapeau portugais, dont il appuie la hampe sur la tête d'un jeune enfant. Au bas du monument, la statue d'une négresse ayant une chaîne rompue au pied gauche, en souvenir de l'acte humanitaire accompli par le général qui abolit l'esclavage en Afrique. Elle tient dans ses bras un enfant qui élève vers leur bienfaiteur une couronne de lauriers. Sur les côtés, deux batailles en relief. notamment celle où Sà da Bandeira perdit son bras. Sur le socle, face à la ville, est appuyée la statue de l'Histoire, une mulâtresse parfaitement belle inscrivant le nom de l'illustre général.

Nous nous rendons par le bateau à Cacillaz. également nommé Outra Banda, où domine un ouvrage du port, le fort d'Almada. Le trajet qui se fait presque en ligne droite sur la largeur du Tage, de la place dos Romulares aux montagnes de Cacillaz, ne dure pas moins de vingt minutes. Cela nous permet de contempler à l'aise le panorama de la grand'ville dont les monuments et les maisons en amphithéâtre présentent assez parfaitement par leur disparate, l'image des vagues de l'Océan. « Vagues faites d'or, de pervenche, d'algues » ainsi que je l'ai écrit dans un poème sur Lisbonne publié dans cette ville le 11 janvier 1894. (1)

Le ciel bleu foncé, où rayonne un ardent soleil à cette époque où l'hiver sévit si rigoureusement dans nos zones, est un magique décor donnant l'aspect le plus riant à cet immense panorama. qui s'étend de la banlieue de Belem aux dernières maisons épargnées par le tremblement de terre. au pied du castel San Jorge.

---

(1) Lisbonne, poème, 14, Largo do Peloourinho, Lisboa.

C'est de ce côté que nous dirigeons nos pas.

Nous suivons les quais, nous traversons l'arsenal et, par des ruelles analogues à celles arpentées la nuit de mon arrivée, nous touchons aux vieux remparts dont il reste une muraille longue à peine de cent mètres et haute de dix au plus. C'est le faubourg de Sainte-Apolonia.

Ces petits chemins, tantôt en pente douce, tantôt abrupts ; ces escaliers de pierre souvent de quelques marches, quelquefois hauts de deux et trois étages, d'une ascension roide ; ces ruines de vieilles maisons, de palais maures n'ayant plus que quelques pans de murs, aux sculptures des chapiteaux et rosaces admirablement ciselées ; ces ruines en un mot, sont tout ce qui reste du vieux Lisbonne, les seuls vestiges des Maures qui y dominèrent. C'est peu, ce n'est rien, mais cela impressionne toujours.

Cette partie de la ville était, il y a plusieurs siècles, habitée par les Juifs qui devaient être rentrés dans leur quartier à la huitième heure du soir. Quiconque était rencontré dans les faubourgs, ou dénoncé de s'y être promené passé cette heure, subissait impitoyablement la peine capitale.

Le faubourg de Sainte-Apolonia, très mal fréquenté et où il n'est guère plus prudent de s'aventurer la nuit que dans les rues avoisinant la place Maubert, est, avec le refuge des Marguerites (car c'est bien le nom des belles de nuit portugaises), la demeure de la population besoigneuse. Les têtes qu'on y rencontre n'ont rien d'humain, rien de rassurant ; la propreté du sol est douteuse, celle de l'intérieur des maisons, à en juger par les façades, l'est encore davantage. Ces habitations tassées les unes sur les autres, lézardées, crevassées, sont d'une saleté peu ordinaire. On voit pendus à l'extérieur, et en plein jour, des linges de toutes dimensions, des draps de lit n'ayant subi qu'un lavage sommaire, à côté desquels prennent place des vêtements haillonneux que les gens vous secouent sans façon sur la tête.

Ce qui étonne toujours, c'est le cachet de ces petits trottoirs en granit, de différentes nuances, qui présentent sans cesse quelque dessin original. On pourrait presque dire que les Lisbonniens mettent le meilleur de leur luxe dans leurs chaussées.

Une ascension cent fois plus raide que celle du Mont-Valérien nous conduit, après une demi-heure de marche, à l'entrée du castel San Jorge et une large allée en demi-cercle nous met au pied de la première enceinte d'où l'on domine déjà la ville. Deux autres enceintes sans le moindre ouvrage de fortification, sans aucun armement ancien ou moderne, nous amènent à la plate-forme d'où l'on observe plus perceptiblement la masse imposante des dômes de cathédrales qui s'élancent légèrement vers les cieux. L'ensemble de cette ville immense, d'un aspect certainement oriental par la forme des

maisons, les faïences multicolores et la teinte rose
et rougeâtre du granit d'une grande partie des
constructions, est d'un aspect féerique.

Le castel San Jorge, qui est dans une situation
fort avantageuse pour défendre la ville et qui, armé
des plus simples canons modernes, étendrait son
tir jusqu'à la mer, se passe très bien de remparts
ainsi que de travaux d'escarpe et de contre escarpe.
Il est fortifié naturellement par sa position et par
les accidents du sol qui le rendent imprenable.
Seulement il est bien regrettable de n'y pas voir
quelques bouches à feu, coulevrines ou mortiers,
d'une efficacité douteuse comme ceux qui entourent à Paris le fossé des Invalides. Car ce fort sans
armement, quoique pourvu d'une garnison suffi-
sante, m'a fait l'effet d'un vieux guerrier dépouillé
de ses armes, de son uniforme et condamné à errer
en bras de chemise au haut d'une montagne !

Ce qui reste du Castel San Jorge, édifié par les
Maures, ces murailles dentelées, percées de meurtrières avec un soin méticuleux, et flanquées jadis
de tours dont on voit encore la place ; ces innombrables redans ; ces pierres superposées avec tant
de soin par ce valeureux peuple d'un autre âge...,
tout cela nous prouve simplement que la marche
lente des siècles n'a amené aucun progrès dans
l'art de la fortification.

Assaillis dans leurs retranchements par des vaillants qui ne prenaient point les villes par la famine

ou par la trahison des chefs d'armée, ils savaient se garder dans leurs citadelles et les défendre pierre à pierre. Pour conquérir la place, il fallait, après de longues et meurtrières luttes commencées à la base de l'édifice, aller les en expulser au sommet comme l'aigle de son aire.

CHAPITRE VII

LA SÉ, CATHÉDRALE DE LISBONNE. — RUES DO OURO, DA PRATA. — LARGO DE CAMOES. — GARE MONUMEN-TALE. — PRAÇA DOS RESTAURADORES. — AVENIDA DA LIBERDADE. — PASSEO DE SAO PEDRO D'ALCANTARA. — L'ASCENSEUR HYDROSTATIQUE. — L'ÉGLISE SAN ROQUE. — GARRETT. — CASTILHO. — UNE PENSÉE DE VICTOR-HUGO.

Cette ascencion particulièrement fatigante n'avait duré que deux heures, y compris les arrêts et la descente, mais j'étais rompu de tous les membres et n'aspirais qu'à m'asseoir sur un siège plus con-fortable que les hautes murailles du vieux castel maure.

Par les chemins que nous prîmes, suivant cette fois des rues assez larges et propres, mais d'une déclivité désespérante, nous arrivâmes assez promptement à la place du Commerce. A deux pas de là se trouve la Sé, capitale de Lisbonne, qui ne peut rivaliser ni par son âge, ni par son architecture, avec l'une des nombreuses églises du quartier Saint-Martin de Paris. Le portail seul a bonne mine: c'est tout l'éloge qu'on en peut faire.

En remontant vers le centre de la ville, nous prîmes les rues do Ouro (de l'or) et da Prata (de l'argent). Ces rues, pour avoir un nom pompeusement métallique, dans un pays où il y a tant de billets de banque d'une valeur de cinq sous, n'en seraient ni moins belles, ni moins fières, si on leur donnait le nom de quelque grand Portugais — et il n'en manque pas ! —

Comme il faisait un temps admirable, et que la perspective me parut droite et sans accident de terrain, je me laissai entraîner vers le Largo de Camoés où est située, à deux pas du grand théâtre portugais, la gare monumentale, celle où l'on s'embarque pour les lignes de Cintra et d'Espagne. Sa façade, d'une superbe ornementation, où l'albâtre entre pour une large part, fait le plus grand honneur à la Compagnie des chemins de fer, qui n'a pas lésiné pour avoir une œuvre bien personnelle. On chercherait vainement dans Paris une gare qui s'en rapprochât comme élégance et somptuosité.

Nous nous acheminons vers la place dos Restauradores où est élevé, à l'entrée de l'Avenida da Liberdade, un monument commémoratif de la Révolution de 1640, date où le pays s'affranchit de la domination espagnole. Deux colossales et splendides statues de bronze — l'Indépendance et la Victoire — y étendent majestueusement leurs ailes.

L'Avenida da Liberdade est large, bien plantée et entourée de massifs rectangulaires au milieu desquels coulent deux petits ruisseaux, l'un sortant de l'urne du Tage, l'autre du Duero. C'est, en microscopique, une réminiscence de notre avenue des Champs-Élysées. Si l'on n'y voit ni théâtre de guignol, ni voitures aux chèvres, on y trouve deux ou trois cafés concerts et le théâtre de Ciniria Polonio, comparable aux anciennes Folies Marigny.

Non loin du monument symbolique des Restauradores, nous sommes en vue de la Passeo de Sao Pedro d'Alcantara. Pour atteindre cette hauteur, il nous faudrait suer sang et eau. Fort heureusement, nous trouvons à l'entrée de l'Avenida da Liberdade un ascenseur à système hydrostatique qui, pour 20 reis (presque 10 centimes), nous met au faîte du Lisbonne mieux nivelé. Nous tournons à gauche, par une rue dont le nom m'échappe, et nous entrons dans un ancien couvent transformé en brasserie où nous buvons d'excellente bière.

Plus à gauche, et à l'entrée d'une place en demi-cercle, une église sans apparence, San Roque, qui possède à l'intérieur des richesses précieuses et des merveilles. On y admire surtout la chapelle de Saint Jean dont le fond et les deux faces latérales sont de délicates et fines mosaïques. Elles repré sentent des copies parfaites de maîtres : l'Annonciation, le baptême du Christ, la Pentecôte, d'après le Guido Remi, Raphaël et Michel Ange. L'autel qui a été fait à Rome, et béni par le Pape, est en améthyste, en lapis lazuli et en argent massif ; les marches qui y conduisent sont en porphyre et en granit d'Egypte.

Cette église est située tout près du Chiado, ou plutôt de la rue Garrett.

Qu'était-ce que Chiado ? Un écrivain portugais : c'est tout ce que j'en sais, mon ami Fonseca ayant omis de me parler de cette notabilité au nom bien excentrique. Mais, fort heureusement, il m'a mieux renseigné sur Garrett et, la rue où j'habite portant son nom, je dois en dire quelques mots.

Almeida Joao Baptista da Silva, vicomte de Garrett, est né le 4 février 1799 à Porto. — Politique profond, avant ses succès littéraires, il fut tour à tour député à la Chambre haute et Ministre des Affaires Etrangères. Lettré distingué, poëte sentimental, auteur dramatique émouvant romancier à l'imagination ardente et féconde, il fut tout cela.

Il s'essaya dans les poésies fugitives : Lyras de Joao Minimo, qui le mirent au premier rang des poëtes lyriques de son pays. Il publia Dona Branca, où il créa ce qu'on pourrait appeler le romantisme portugais. Dans cette œuvre toute d'imagination, l'auteur reporte au temps les plus chevaleresques de la Lusitanie et y fait vivre, sous le nom de

Branca, une sorte de dona Sol très captivante. En-
levée par un prince maure, qui l'enferme dans un
palais enchanté, elle s'éprend d'une belle passion
pour son ravisseur qu'elle veut épouser. Lorsque
ses parents l'en séparent, elle se réfugie dans un
couvent où elle attend le trépas. — Cette œuvre sub-
siste plutôt par le chaud coloris et la vigueur du
style que par l'intrigue de l'action. Elle est pourtant considérée comme un chef-d'œuvre de la
scène portugaise.

Dans Adozinda, il est plus émouvant, plus dramatique et cette œuvre, à part quelques défectuosités, serait à mon sens celle surtout où il a fait
acte de dramaturge, de romancier poignant.

Garrett a également écrit l'Arco de Santa Anna,
roman en prose qui donne une idée des mœurs
portugaises au XVe siècle. Il a fait représenter Luiz
de Souza, un Auto de Gil Vicente, l'Alfagem de
Santarem, pièces qui suffiraient, à elles seules, pour
légitimer sa popularité. Il a également chanté Camoës dans un poème aux vers très sonores.

Ce que Garrett a de commun avec tous les
grands hommes de Portugal, c'est l'exil pour quelque délit plus ou moins bête, plus ou moins insi-
gnifiant. Il passa la durée du sien comme employé
chez Laffitte, ce qui lui permit, à son rappel à Lisbonne, où il mourut en 1854, de rapporter les goûts
artistiques de la capitale du monde intellectuel.

Il était contemporain de Castilho (Antonio, Féliciano de), né à Lisbonne en 1800 qui, pour être un écrivain parfait, un poëte d'un génie plus ample, n'a dans son pays, dans sa propre ville natale, qu'une réputation de maître d'école.

Castilho, qui était aveugle à huit ans, retraça de souvenir la nature sous un coloris si parfaitement animé que Victor Hugo, qui s'y connaissait bien un peu en fait de poëtes, lui écrivit, à propos de cette infirmité qui le privait du sens le plus précieux, une de ces pensées étincelantes dont il avait seul le monopole :

— « Les grands esprits n'ont pas de regards parce qu'ils ont des rayonnements.

« Victor Hugo. »

Castilho a traduit Racine, Dante, Milton, Goëthe. Il a épuisé le reste de ses forces et de ses lumières à l'enseignement de ses concitoyens, fondant un collège à San Miguel, dans les Açores, et dirigeant l'école de la Capitale depuis 1849 jusqu'à sa mort survenue en 1875.

Mon ami Fonseca, qui est peut-être un de ses plus ardents admirateurs, n'a pu me montrer l'ombre d'un monument dressé à sa mémoire ou, plus simplement, le nom d'une rue rappelant son souvenir.

Il méritait bien, à défaut de la reconnaissance de ses concitoyens, qu'un poëte parisien lui consacrât dix lignes.

CHAPITRE VIII.

La bibliothèque de Lisbonne ne mérite aucune description comme monument. — Sa façade, qui a l'apparence de nos casernes, et que je comparerais presque à l'ancien quartier d'Orsay, n'indique pas l'entrée du sanctuaire où rayonnent tant d'œuvres géniales.

En France, où l'on connaît tout, on connaît beaucoup les Lusiades de Camoés ; on connaît un peu Garrett, mais de nom seulement ; et si l'on parle d'Alexandre Herculano, c'est pour le présenter comme un simple pamphlétaire.

On n'y perdra rien à lire les noms des principaux écrivains portugais et je vais les inscrire un peu en hâte, me réservant, quand je retournerai à Lisbonne, de lire et d'analyser l'œuvre de chacun. Ce sera long, mais je prends l'engagement de le faire, un grand pays comme le nôtre ne devant pas ignorer les écrits d'hommes qui ont contribué puissamment à la création et au perfectionnement de la langue portugaise.

Voici la liste de ces stylistes et penseurs de divers ordres : Macias, Bernardin Ribeiro, Christoval Falcam, Buchanan, Gouvea, Sa de Miranda, Antonio Fereira, Gil Vicente, Diogo Bernardes, Andrades Caminha, F. Alvares do Oriente, Rodrigues Lobo, Manuel de Veiga, Bandarra, Hyeronimo Osorio, Jean de Barros, Conto, Albuquerque, Damian de Goës, Castanheda, Resende, Heitor Pinto, Amador Arraiz, Francisco Moraës, Corte Real, Luiz Pereira, Mauzinho, Quebedo, Alphonso l'Africain, Pereira de Castro, F. de Sa e Menezes, Fereira de Lacerda, Miguel de Sylveira, Botelho, Moraes Vasconcellos, Bernardo de Brito, Nunès de Liao, Luiz de Souza, Favia e Souza, Andrade Macedo, Violente do Ceo, Vasconcello, Bahia, Almada Preita, Bacellar, Alcofarodo, Cte d'Eryceyra, Garcao, Diniz da Cruz e Sylva, Domingo do Reis Quita, Diaz, Gomez, Antonio José, Diogo Barbosa, Soarès de Britos,

José da Ebro, Heitor Osario, Manuel da Barca, Luiz da Emondo, Brito, de Souza, Maximiano Torres, Ramira, Maria Barboza du Bocage, José Agostinho de Macedo, d'Albuquerque, Medina, João Errera, Vasconcellos, Vte de San Lorenzo, Ctesse de Oyeihausen, Gomez Viniero, Pedro Noleno, Obra, Pinente de Aguier, Correa de Serra, Solano Constancio, Verdier, Canara, Casado, Geraldès, Luiz d'Obra, Maria Souza, José Liao, Ruiz da Silva, etc...

Ces écrivains partent des temps les plus reculés de l'histoire du Portugal. J'en arrête la liste à la seconde moitié du XIX⁰ siècle, ne voulant pas, par quelque omission regrettable, froisser de justes susceptibilités. Je me réserve encore, à ce propos, d'examiner le mouvement littéraire contemporain dans une publication spéciale.

La bibliothèque royale, dont les salles sont assez spacieuses et aménagées très commodément, compte un peu plus de cent mille volumes. Elle est entièrement publique.

Assez riche en manuscrits (10.000 environ), elle est toute pleine de livres religieux, aux vives enluminures remontant au moyen âge. Le missel d'Esterao Goncalves est dans cette collection.

Ce qui m'a le plus frappé c'est, dans la première salle réservée, deux in-folios du XVIII⁰ siècle représentant des sujets bibliques et contenant de fort belles gravures sur acier. Ils sont sans fers ni fer-

moirs, mais la tranche est ornée d'une peinture due
à un miniaturiste de grand talent qui ne l'a point
signée et mériterait d'être connu. Cette peinture,
ce paysage d'une netteté irréprochable, embrasse
une vaste perspective et, plus on élargit la tranche
de l'in-folio, plus le tableau s'éclaire et grandit
dans des proportions toujours justes et du plus
agréable effet.

Ce qui stupéfie presque, c'est de voir, à l'extrémité du long couloir en travées que l'on parcourt,
dans une pièce également réservée, toutes les éditions des Lusiades. Elles sont considérables, souvent rares ou introuvables comme, par exemple,
l'édition princeps qui est le seul exemplaire connu.
Les traductions multiples sont souvent d'une perfection que l'on envierait pour nos gloires nationales. Les éditions étrangères, plus particulièrement les éditions allemandes, — il faut être juste, —
sont d'un prix inestimable : les éditions nationales les surpassent seules en soins et en beauté.

La typographie portugaise, à en juger par ce
sanctuaire de l'œuvre de Camoës, a atteint au
degré de perfectionnement connu.

Après avoir visité la Bibliothèque, nous allons
nous promener dans la direction de l'Observatoire et du Jardin Botanique. Nous passons par
la rue do Alecrim et nous entamons une assez
longue course dont je ferai grâce des détails,
n'ayant pas la pensée de transformer ces notes

en indicateur des rues de Lisbonne. J'ai, d'ailleurs, nommé les principales à part deux ou trois :
rues Bella da Rainha, d'Almada et de El Rei.

Le jardin botanique, à l'endroit où nous y pé-
nétrons, offre un coup d'œil magique par la vue
de ses allées plantées d'énormes palmiers dont le
plus petit a bien deux mètres de tour. Les autres
sont gigantesques, mais le plus beau n'est pas
dans ce jardin : on le voit dans le voisinage de
la Estrella et il n'a pas fallu moins de douze
bœufs, solidement attelés, pour l'amener là. — Le
jardin botanique, tout au plus grand comme un
tiers des Tuileries, offre des accidents de terrain
tels que, à part les allées en façade et celle du
milieu, on n'y marche pas pendant vingt secondes
sans descendre ou monter. Ici, il faut avoir plutôt bon pied que bon œil. J'ai même cru un
instant que mon charmant et infatigable guide
m'avait tendu un guet-apens car, avant d'arriver
en haut du labyrinthe, j'avais failli, à deux reprises, tomber dans des pièces d'eau. Tous ces
terrains non nivelés, dont les rocs naturels forment la plupart du temps le pavage, sont entourés de haies vives bordées de cactus qui crois-
sent là comme des champignons. Les allées où
l'on trouve la collection de plantes d'études sont
bordées, du côté de l'observatoire, d'eucalyptus
géants et de plantes plus ou moins rares pour
nous, plus ou moins communes pour les gens du

pays. Il serait trop long d'en dresser la nomenclature.

En quittant le Jardin botanique pour nous rendre au Jardin zoologique, qui me paraît fort éloigné par les chemins que nous prenons, nous rencontrons un original qui, à première vue, me fait l'effet d'un homme ayant devancé de quelques semaines le carnaval. C'est le comte d'Opias. Il est vêtu comme tout le monde, à part le chapeau de femme, aux fleurs très voyantes, qui lui couvre le chef. De longs cheveux châtains lui pendent dans le dos en crinière et si rien dans sa physionomie n'indique son infortune, il va pourtant d'une allure assez abracadabrante pour révéler l'état de son esprit : le malheureux a eu le cerveau assez troublé par la perte d'une femme qui lui était chère. Depuis sa mort, il porte ses chemises, se coiffe dans le goût qu'elle avait, s'acharne à la croire présente et lui parle pour l'inviter à se mettre à table où son couvert est perpétuellement dressé. La vue de ce désespéré impressionne péniblement et j'aurais passé le fait sous silence s'il n'avait été l'écho de tous les périodiques de Lisbonne.

Le Jardin zoologique d'acclimatation n'est franchement pas digne du nom qu'il porte si pompeusement. Trois ou quatre volières qui se battent en duel à l'entrée, habitées par de monotones pigeons qui craignent d'y mourir de vieillesse en présence de l'azur limpide qui les attire ; une cage centrale où est perché, sur un tronc d'arbre, un oiseau dont le corps grêle repose sur deux pattes d'éléphant avec, pour parfaire sa hideur, une tête de nègre et des yeux de hibou. Il se tient, avec ses deux grandes ailes démesurément ouvertes, dans une telle immobilité que j'ai cru qu'il était empaillé et remontait au temps antédiluvien.

Il a pour voisins six goëlands et une paire de poules d'Inde. Il y a même encore, je crois — mais je ne pourrais l'affirmer — un aigle vivant !

Après la cage aux singes, où grimace dans une case trop étroite un abominable homme des bois, qui nous donne gratuitement un échantillon de la dépravation de ses mœurs, nous allons voir les grandes cages où sont les fauves.

Je dis — et je n'exagère pas — qu'on y trouve en tout sept animaux : deux loups aux dents longues, car leurs gardiens s'attribuent peut-être, faute de mieux, le meilleur de leur pitance — surtout s'ils sont payés sur les recettes de l'administration… — deux lions que Bidel pourrait atteler sans efforts à son char et qui, en raison de leur douceur et de leur docilité, semblent avoir été élevés par les chiennes de Pezon ; deux ours marrons comme ceux que la duchesse de Morny promenait autrefois dans les jardins du Palais-Bourbon. Le septième sujet, un veuf ou une veuve — je ne sais au juste si c'est le mâle ou la femelle qui, s'étant échappé de sa cage, a été tué, il y a deux ans, par la force armée — est un ours blanc.

Les Lisbonniens savent si bien à quoi s'en tenir sur les curiosités de l'endroit, qu'ils n'y viennent pas. Cela ne vaut ni le dérangement, ni le prix d'entrée — deux cents reis — qui, d'ailleurs, ne doit pas donner lieu à une très grande comptabilité. — Il faisait très beau ; il était trois heures de l'après-midi quand nous parcourûmes le jardin zoologique et nous étions, en tout, deux visiteurs !

En sortant, nous prenons l'omnibus, qui deviendra carris ferro dès qu'il pourra s'engager frauduleusement sur les rails du tramway. Nous descendons une rue tellement en pente qu'on croirait que le véhicule attelé de trois mules, qui nous emporte, tombe brusquement d'une montagne à pic. Les cahots sont quelquefois si violents que l'on se jette très malencontreusement dans les bras de son vis-à-vis qui, lui, habitué peut-être à ce genre de locomotion, a des étonnements à l'adresse de votre sans-gêne. Je ne dis pas qu'avec l'usage on ne parvient pas à tenir l'équilibre dans ces voitures, mais l'apprentissage en est très laborieux et non sans quelque danger si l'on va donner de la tête dans une vitre.

Nous quittons le tramway, un peu plus loin qu'au bas de la côte, pour aller visiter le musée des Beaux-Arts. A part deux ou trois carrosses aux sculptures très antiques, aux dorures et aux panaches plus ou moins luisants, il n'y a guére d'original que les différents modèles des monuments élevés aux gloires nationales. dont un pèche surtout par la réalité. C'est le modèle en plâtre de la statue de Sa da Bandeira. Le malheureux artiste, plus humain que le sort, a présenté ce noble guerrier comme amputé du bras gauche au lieu du bras droit. J'admets que celui-ci est plus nécessaire, mais le général se serait bien passé de cette amputation du souvenir.

Je n'ai pas à parler des riches ornements. vases précieux. bijoux et orfèvreries du premier étage ; la collection m'en a paru assez belle ; c'est tout dire. Je n'ai pas non plus à m'étendre sur la description des galeries de tableaux qui offrent peu de toiles de maîtres portugais vivants ou morts. Les seuls sujets remarquables du salon carré sont le meurtre d'Inès de Castro. dû. comme l'Othello qui lui fait face, au pinceau d'un artiste de valeur, mais sans célébrité.

On trouve dans d'autres galeries quelques échantillons de l'école moderne française et des vues de Venise assez réussies.

Il est à souhaiter que l'on place à la tête de ce musée un directeur aux goûts moins prosaïques, moins bourgeois et doué d'un tempérament plus artistiquement national que celui qui émarge actuellement.

CHAPITRE IX

ÉGLISE DE LA ESTRELLA. — PALAIS DE L'ADJUDA. — PARC DU CAMPO DO OURIQUO. — AQUEDUC DOS AGUAS LIBRES. — AU CHAMP DE TIR. — LE ROI. — L'ARMÉE ET LA MARINE PORTUGAISES. — LEUR ORGANISATION, LEUR BUDGET. — ÉCOLES MILITAIRES. — LA TOUR SAM VICENTE DE BELEM. — LE COUVENT DES HYÉRONIMITES. — ÉGLISE SAINTE MARIE DE BELEM. — LES TOMBEAUX. — LE CLOITRE. — LE MONUMENT D'HERCULANO. — LA CASA PIA.

J'ai parlé du magnifique palmier des environs de la Estrella : je reviens dans ces parages pour consacrer quelques lignes à l'église da Estrella ou do Coraçao do Jésus.

Ce monument religieux, dont la construction

remonte à 1774 a été achevé en dix ans. Il rappelle, en diminutif, Saint Pierre de Rome. C'est un majestueux édifice dont l'extérieur, le dôme et les tours, sont tout en marbre blanc. L'intérieur, que je n'ai parcouru que de l'œil, lors de mon ascension des tours, est également en marbre.

Pour arriver au haut du dôme on traverse une assez large plate-forme qui permet d'aller visiter trois belles cloches et de reprendre son élan pour la gymnastique à accomplir avant d'atteindre la lanterne. C'est très accidenté mais on n'y perd rien car, de cet endroit, la vue s'étend sur un vaste panorama qui échappait du haut du Castel San Jorge. On aperçoit plus particulièrement le palais d'Adjuda, demeure actuelle de la reine mère Dona Maria Pia qui ne permet point aux visiteurs d'y pénétrer depuis la mort de son très regretté mari, le roi don Luiz. Ce qu'on voit du palais, reconstruit après le tremblement de terre de 1755, est une masse énorme et imposante qui ne représente que le tiers du plan primitif.

Les palais de Lisbonne ne sont, d'ailleurs, pas nombreux. Il y a encore celui des Necessidades que le roi Don Fernando — de joyeuse mémoire — habitait, remarquable surtout par ses pelouses et ses allées ombreuses ; le palais actuel de Belem, tout à fait à l'extrémité de la ville, dont la Tapada de Adjuda et le campo do Ouriquo qui l'entourent ont de vastes parcs admirablement tracés et entretenus. La végétation en est très luxuriante. On y voit les plus beaux vergers d'orangers de tout le Portugal, et les murailles sont garnies d'héliotropes, de jasmins et de géraniums hauts de trois mètres.

Nous abrégeons cette visite pour nous rendre au concours international annuel du champ de tir. Comme il nous faut traverser la ville du côté d'Alcantara, nous prenons le train à la gare monumentale et franchissons un bon tiers de la capitale sous un large tunnel. Nous changeons de ligne à la première station et passons sous la plus haute arche de l'Aqueduc des Aguas Libres qui a 75 mètres d'élévation et 33 mètres d'ouverture. Cet aqueduc qui, à priori, paraît être de construction romaine, date à peine du commencement du XVIII° siècle. Il a cinq lieues d'étendue, traverse souvent à leur base les montagnes qu'il rencontre et entre dans Lisbonne qu'il alimente, par le joli village de Bemfica, en franchissant la vallée d'Alcantera sur un pont de 35 arches. C'est une œuvre gigantesque entreprise sous le règne de João V, en 1702, et achevée en moins de trente ans.

Le champ de tir, qui s'étend au pied d'une petite colline du nom de l'Ermitage, est un polygone assez vaste.

Il est une heure et demie : un carrosse fait son apparition ; la fanfare qui est à l'entrée du stand joue une contre-marche. Un homme de taille moyenne, en redingote, d'un certain embonpoint, blond et à la physionomie très souriante, pénètre dans la cour ; — c'est le roi. — Il vient assister aux expériences et distribuer les prix aux meilleurs tireurs.

Tandis que Fonseca qui prend part au concours, va préparer son fusil sous l'œil vigilant d'un sous-officier, je cause avec un jeune officier de chasseurs qu'il m'a présenté et qui veut bien me donner quelques indications sur l'armée portugaise. Son organisation se résume en deux mots ; — mêmes grades, mêmes armes, même recrutement que dans la plupart des armées européennes, mais avec la suppression de la limite d'âge pour les officiers de tous grades. — Un officier général peut tout aussi bien être admis à la retraite à cinquante ans, s'il est incapable ou usé, qu'un officier subalterne peut en sortir septuagénaire s'il est vigoureux et apte au service. C'est là l'exception, bien entendu, mais c'est un progrès à réaliser, surtout en France, où l'on a vu des hommes de la valeur du colonel Marchand (1) retraités en pleine activité physique, alors qu'ils étaient aptes à rendre encore de longs et éminents services au pays.

L'armée portugaise est de 15 à 20 mille hommes

______

(1) Le brillant chef de corps dont je parle, qui était peut-être le plus vigoureux colonel de l'armée française, commandait encore en 1884, le 46ᵉ d'infanterie formé des débris de la Légion des Grenadiers de La Tour d'Auvergne.

et 1,000 chevaux. Elle pourrait mobiliser 120,000 hommes. Ses cinq divisions ont pour chefs lieux Lisbonne, Vireu, Porto, Evora, Angra. Le recrutement des officiers se fait par trois écoles spéciales : Ecole polytechnique, Collège militaire ou des Cadets, Ecole de l'Armée. Son budget est de vingt-cinq millions.

Les forces de la marine sont d'un cuirassé d'escadre de première ligne armé de cent cinquante canons et de vingt-quatre bâtiments. Le personnel naval et de 3,300 officiers de tous grades, employés et marins ; le budget atteint huit millions et demi.

L'officier qui me donne ces détails est un jeune sous-lieutenant de chasseurs à pied récemment sorti de l'Ecole des Cadets. Il est d'une distinction parfaite et s'exprime en français avec une élégance peu commune. La plupart des officiers portugais parlent d'ailleurs très bien notre langue.

Fonseca ayant brûlé les cinq cartouches mises régulièrement à la disposition des tireurs, nous quittons le stand et nous dirigeons vers la tour Sam Vicente de Belem assez distante de l'endroit où nous sommes. Cette tour, fièrement campée sur le Tage, est due aux plans de Garcia de Resende. Elle à 35 mètres de hauteur. C'est une belle construction, de pur style gothique, dont les angles sont flanqués de tourelles en poivrières et de fenêtres à balcon en fer forgé. Le plus curieux est une des salles où, par un effet d'acoustique admirablement combiné, on communique d'un angle à l'autre à voix basse sans être entendu des personnes présentes, phénomène qui se produit dans la salle des Secretos de l'Alhambra de Grenade.

Le premier capitaine qui eut le commandement de cet ouvrage avancé de la ville fut un officier du nom très universel de Gaspar, que le roi don Manœl nomma à ce poste en 1521.

Du côté de la ville, et face à la tour, se trouve le couvent des Hyéronimites (Os Jeronimos) qui porte actuellement le nom de Sainte-Marie de Belem.

L'aspect grandiose de ce monument mérite que l'on s'y arrête, et par les souvenirs historiques qu'il rappelle, et pour les grands hommes dont il abrite la dépouille.

Ce temple majestueux dans sa fine et riche architecture de plusieurs styles, mais où domine le gothique du xiiie siècle, remonte à Vasco de Gama. C'est à cet endroit même que le grand navigateur portugais s'embarqua, avec l'infant don Manœl, pour aller conquérir la route des Indes par le Cap de Bonne-Espérance. L'infant fit vœu, si l'expédition réussissait, d'élever à la place de la chapelle de Rastello, où ils avaient prié Dieu de bénir leur entreprise une basilique digne de l'admiration de la postérité. Deux ans plus tard, tout un essaim d'ouvriers fouillaient les fondations de Sainte-Marie de Belem. Le salaire des milliers de malheureux qui accomplirent ce chef-d'œuvre était à peine de 20 reis (dix centimes), pour une journée de 14 heures. Les fonds affectés à la construction provinrent en grande partie du commerce de l'Inde.

Le portail de la basilique mériterait une étude attentive d'un spécialiste de la valeur de Viollet-le-Duc. Il est formé de trois arcs plein cintre en granit rouge que domine un grand arc gothique où est placée une statue de la Vierge. La porte, partagée en deux vanteaux par une colonne torse de marbre, est ornée de statues et enrichie de fleurons d'un très gracieux effet. L'intérieur est un magistral poème de pierre, assis sur quatre piliers de 40 mètres de hauteur, sur lesquels repose toute la voûte. Ils sont travaillés avec tant d'art et d'élégance et paraissent d'une telle finesse malgré leur massivité, que l'on dirait d'un assemblage de dentelles ouvragé avec le plus grand soin par des mains habiles et délicates. Rien n'étonne à ce propos, puisque ce monument très original, qui eût plusieurs architectes, compte parmi eux une femme célèbre.

La basilique paraît d'autant plus élevée que sa longueur et sa largeur sont plus restreintes. Elle compte à peine 80 mètres du portail au chœur et 40 mètres dans l'autre sens pour un transept de 60 mètres de développement.

De magnifiques vitraux y tamisent une clarté mate qui ranime la vue affaiblie par l'obscurité du vestibule. L'ensemble du monument est imposant ;

l'intérieur est majestueux et grandiose. Sur le côté, en façade, sont les tombes de don Manoel, don Joao III, don Sébastian, dona Catherine; des infants don Carlos, don Luiz et du Cardinal roi; de don Alfonso VI, de Camoës, dont les restes furent récemment exhumés et enfin transportés dans une sépulture digne de lui.

En pénétrant dans le cloître, on entend, à de certaines heures, un bourdonnement cent fois répercuté par la sonorité des voûtes du rez-de-chaussée et de la galerie: ce sont les voix des enfants de la Casa Pia (maison d'orphelins), qui habitent maintenant l'ancien couvent des Jéromées.

Au premier étage est la tribune des orgues où les moines prenaient place dans de larges et belles stalles, aux étranges sculptures dont plusieurs représentent des sujets moins que bibliques.

Et c'est dans l'intérieur même de ce cloître, du côté appuyé sur la ville, que repose, dans une petite chapelle de vingt pieds carrés, la dépouille d'Herculano.

Né à Lisbonne en 1811, Alexandre de Carvalho e Araujo Herculano, qui fut une célébrité du Portugal, fit toutes ses études à Paris. Poëte, historien, polémiste, homme politique, et surtout grand orateur à la voix dominante et religieusement écoutée, il excella dans tout ce qu'il entreprit.

Ses œuvres sont : Harpa de Crente (la harpe du Croyant), Omange de Cister (le moine de Cister),

Etablicemento da Inquisiçao. Une histoire du Portugal, et enfin un livre de pamphlets où ont été recueillis ses discours politiques. Dans « A Vox de Propheta » qui en fait partie, il donne à Lisbonne une origine un peu fantaisiste, la faisant la reine des mers et disant que ses fils étaient traités d'égal à égal par les monarques les plus puissants de l'antiquité. Il faut surtout voir dans cette pièce qui débute ainsi : « Trente siècles ont surgi depuis que tu as surgi... » l'ardent culte patriotique de l'écrivain, sans s'arrêter aux exagérations du hors-d'œuvre qui accompagnent toujours ce genre d'écrits.

Le monument où il repose élevé sur un socle au centre de la chapelle est tout en marbre blanc. Il porte deux inscriptions : l'une dont le texte portugais m'échappe :

« Ci-gît un homme qui a conquis pour la grande
« maîtresse de l'avenir, pour l'Histoire, quelques
« importantes vérités ».

L'autre, dont je me rappelle parfaitement les termes :

« Dormir ?
« So dorme ofrio cadaver que nao sente !
« A Alma voa et se abriga ao spes d'omnipotente ! »

et que je traduis presque littéralement par :

« Dormir ?
« S'endort le froid cadavre qui n'a plus de sen-

« timent. Mais l'âme vole et se réfugie aux pieds
« du Tout-Puissant. »

Sublime pensée de celui qui devait entrer dans
l'immortalité en 1877, peu de temps après l'avoir
écrite.

Nous allons ensuite visiter les salles d'étude, le
réfectoire et les dortoirs des jeunes hôtes de la
Casa Pia qui pépient comme une volée de jeunes
pinsons, inconscients des circonstances malheureuses qui les ont relégués dans cet immense cloître. Ils ont là, avec la tranquillité, de l'air, de la
lumière et la vue d'un élégant jardin qui transforme et adoucit la monotonie de leur retraite.

Il n'en faut pas davantage pour leur en rendre le
séjour agréable.

CHAPITRE X.

Quand j'aurai dit que Lisbonne. dont la popula
tion est de près de 300.000 habitants, est construite
sur sept collines ; qu'elle est d'origine grecque ou
phénicienne ; qu'elle appartint aux Romains. puis
aux Arabes de 716 à 1147, époque où le roi Alfonso Ier la leur enleva ; qu'elle eut avec ses vestiges
de l'antiquité ses monuments du Moyen-Age où
dominaient la Torre de Menagem (tour des vassaux), et le château ou Alcaçar ; qu'avant d'être
partagée en quatre quartiers ou baïrros. — dont
trois comprennent l'ancienne ville et l'autre les
groupes d'Algés, Belem, Bemfica, Campo, — elle
offrait trois divisions distinctes : le Municipe chré-

tien s'étendant de l'Alcaçar à la Mosquée, la Mouraria ou faubourg des Maures et la Judearia ;

Quand j'aurai répété que son ciel est bleu foncé ; qu'il y fait de 12° à 16° de chaleur en plein cœur d'hiver et pas plus de 24° en été ; qu'elle possède beaucoup d'églises, de vieux couvents en ruines — ou plutôt de ruines de vieux couvents, — que sa rade, qui est calme et parfaitement protégée, mesure à de certains endroits trois lieues de large....

Il me restera, avant d'étudier le caractère des Lisbonniens et de les voir dans l'intimité, à citer les quelques noms que la ville du Tage, comme l'appelle éloquemment Herculano, porta aux différentes époques de son histoire, sans en discuter aucunement l'origine.

Lisbonne s'est tour à tour appelée Elisea, Ulissea, Ulisipolis, Ulisipo, Olisips, Olisipon, Ulixippona, Exubona, Lisipo, soit dix transformations avant d'en arriver au nom de Lisboa qu'elle porte aujourd'hui.

Ce chiffre me paraitt suffisamment respectable pour n'avoir pas à rechercher si elle remonte à Ulysse, dont plusieurs de ses dénominations se rapprochent, ou si l'étymologie de son acte de naissance dérive de « Alis Ubbo » (baie délicieuse). Les avis sont trop partagés à cet égard pour se prononcer.

Ce dont on peut parler sciemment, c'est du présent qui, à part la Tour Sam Vicente de Belem, les vieux remparts avoisinant le faubourg de Sante Apolonia et le Castel San Jorge, ne va pas au-delà de 1755.

La vie à Lisbonne est-elle bien gaie et n'est ce pas plutôt qu'une ville de plaisirs, d'entrainements de toute sorte, comme le sont les grandes capitales, une ville de travail, très commerçante, très animée, mais essentiellement maritime ?

A part quelques Eves vaporeuses qui ont la stupide manie de se blondir, tout comme les femmes galantes de Paris, on n'y connait guère le luxe.

La femme du monde, qui se reconnait à son cachet de distinction, y est élégante mais sans excentricité et si ses toilettes sont précieuses, la nuance des étoffes, qui n'a rien de voyant, ou la confection qui ne laisse rien de trop apparent, est d'une gravité qui me plait beaucoup.

Je ne dirai rien des grands beaux yeux noirs des Lisbonniennes : ils parlent trop pour qu'on essaye d'exprimer leurs pensées ; rien de leur opulente chevelure unie et satinée et où l'azur de leur ciel semble se refléter ; rien de la sveltesse de leur taille qui, sans corset, n'atteint pas toujours cinquante centimètres ; rien de leur démarche dégagée, de leurs mouvements coquets vifs et mutins. Tout cela est trop connu. La Lisbonnienne est peut être la femme du globe qui se rapproche le plus de la Parisienne : c'est le plus grand éloge qu'on en peut faire.

On n'y voit également que des hommes d'une correction irréprochable, de belle tenue, toujours très sobres même dans leur plus extrême élégance. Ils sont plutôt de taille moyenne que grands, très droits, très élancés, alertes, fins, délicats, pleins de distinction, de tact et de dignité. Mais ils ne résument point le dicton qu'un couplet de vaudeville a rendu populaire :

« Les Portugais sont toujours gais »....

Ils ont plutôt, et sur leur visage et dans leur conversation, un fond de tristesse qui exprime la peine qu'ils éprouvent du sort effacé de leur belle patrie.

D'ailleurs, comment se fier aux dictons si ce n'est pour les adoucir dans leurs contradictions ou dans leurs exagérations ? N'en existe-t-il pas un, celui-là parfaitement local, qui dit :

« Quem nao vé Lisboa, nao ve cousa boa ! » (Qui ne voit point Lisbonne ne voit rien de beau). La prétention est par trop osée, surtout quand c'est un voyageur ayant traversé Paris qui contemple la capitale de l'antique Lisutanie.

Les femmes du peuple, les hommes, les enfants, la classe inférieure, en un mot, n'a rien qui la distingue, par le fait, des autres nations. La vie de lutte, de tourments, de misère est partout la même et le sort de l'ouvrier laissera à désirer tant que des lois sociales, d'un ordre éminemment élevé, ne détruiront pas l'inégalité des conditions. — Il y a, comme dans tous les grands centres, tous les corps de métier depuis le coiffeur (peluquero), qui vous rase moralement et physiquement, et s'intitule pompeusement artiste capillaire, jusqu'au peintre qui, du haut d'une échelle, trace plus ou moins habilement quelque enseigne et se prétend artiste en peinture.

Le costume ne diffère pas sensiblement des autres villes. L'agent de police, le facteur, l'allumeur de réverbères, que l'on voit couramment dans tous les grands centres, ont à peu près partout le même costume. Ici, pourtant, le facteur a plus de mal : il monte à domicile les lettres. C'est pour cette raison que la correspondance adressée aux Portugais porte à côté du mot *Andar* un numéro qui indique l'étage où elle doit être remise. La blouse de l'allumeur de gaz, de couleur bleue, est seulement plus courte ; mais ce n'est pas la seule chose qui tombe dans une exagération ridicule à Lisbonne, car les chemises d'hommes sont coupées pour ne pas descendre plus haut que les hanches et les pantalons sont si montants qu'ils se boutonnent presque sous les bras.

Les marchands des rues, particulièrement les rétagères (marchandes de poisson) et les gallegos vont pieds nus : celles-ci la manne sur la tête, donnant un très gracieux mouvement de hanche ; ceux-ci portant isolément ou par deux des fardeaux à faire plier un bœuf. Les éventaires roulants sont inconnus dans tout le pays.

Il y a, par exemple, des choses très bizarres, telles que les voitures lourdement chargées de matériaux ou de marchandises, et attelées de bœufs, qui parcourent, à n'importe quelle heure de la journée, les plus belles rues de la capitale, ne se dérangeant point à l'approche du carrosse royal; la vue d'éleveurs, qui y passent en tout temps, conduisant des troupeaux d'oies, de cochons d'Inde, de petits agneaux qu'ils tuent et dépouillent sur place; le passage des enterrements dont les petites voitures peintes ou bariolées, plus ou moins étroites, plus ou moins dorées ou empanachées, ont l'air d'une vraie mascarade et ne répondent guère à la gravité de l'acte qui s'accomplit.

Il y a « Pranzini, » le chat bien connu du Chiado qui, lorsqu'il ne dévalise pas la maison des voisins, va, chaque matin, tout au bout de la rue à la rencontre du marchand qui lui apporte son mou. Il y a toutes les bêtes domestiques européennes : les animaux nuisibles sont rares et les rats, gros au plus comme nos petites souris, sont d'une espèce très gentille et inoffensive.

On trouve peu d'oiseaux autres que ceux en cage ou en volière. Quant aux chiens, ils sont ici foncièrement misérables. Des employés à la charge de la ville leur font une guerre acharnée

quand ils s'égarent dans les rues, les cueillent à
l'aide d'un lazzo et les jettent dans une longue
et large voiture fermée qui les mène à l'antichambre de la potence. L'exécution capitale a lieu
le lendemain s'ils ne sont pas réclamés contre
versement d'une somme élevée.

Au marché de la rue Amparo tout y abonde :
fruits, légumes, comestibles, fleurs, gibier, poisson. Les femmes qui viennent faire leurs provi-
sions y ont tout sous la main à des conditions
exceptionnellement avantageuses : le gibier, des
perdrix rouges et par conséquent fines et très
recherchées, au prix de o fr. 75 ; la viande de
boucherie, le filet à o fr. 80 le demi-kilog ; des
sardines longues et belles comme des harengs à
o fr. 15 les treize ; des tangelines (mandarines),
des oranges superbes, au prix de o fr. 10 la douzaine. Le reste à l'avenant.

Et nul besoin de s'embarrasser de paniers ou de
filets pour rapporter les acquisitions ; les gallegos
qui sont là assez nombreux guettant les ménagères,
les suivent des heures entières à travers le marché
recevant, dans une longue manne, leurs approvi-
sionnements et les portant à domicile, cela pour
50 reis à peine.

Le marché au poisson, situé du côté du Tage,
offre les mêmes avantages pour la marée. Nous y
avons acheté de belles marennes vertes à o fr. 10 la
douzaine ; du saumon à o fr. 80 le demi-kilog. C'est

pour rien et c'est presque toujours comme cela.

La conséquence de ces avantages est l'infériorité du salaire de l'ouvrier en général et de la domesticité en particulier. L'ouvrier donne son labeur, quelque pénible et opiniâtre qu'il soit, pour peu : s'il touche les trois cinquièmes de ce que l'on gagne dans les autres capitales, il se considère comme bien rétribué. Les domestiques gagnent de cinq à quinze francs par mois. Les employés d'administrations et de commerce sont mieux payés ; ce sont, comparativement aux autres, de petits bourgeois. Pourtant, quand la solde de l'un d'eux atteint 200 francs par mois, son ambition est satisfaite.

Ce qui est cher, c'est l'entrée des marchandises de provenance étrangère, à l'exception de l'Allemagne qui a les traités de la nation la plus favorisée. Autrement, l'impôt prélevé par le fisc est abusif, vexatoire même.

Ce sont, d'ailleurs, de menus détails sur lesquels je n'ai pas à m'étendre plus longuement pour ne point donner à ces notes un caractère auquel elles ne prétendent pas.

CHAPITRE XI.

LES THÉÂTRES. — UN ÉTABLISSEMENT SCOLAIRE. — A PORTUGUEZA. — LE CARNAVAL DE LISBONNE. — LA REINE AMÉLIE. — LA REINE MÈRE DONA MARIA PIA. — UN MOT D'UN GENTILHOMME PORTUGAIS.

Il me reste à parler de mes divertissements étant à Lisbonne, ce qui ne sera pas long.

Au théâtre de dona Maria Seconde, j'ai vu jouer « Monsignor », comédie en cinq actes d'Assumptio, qui m'a paru être une pièce admirablement charpentée et très scénique. — L'auteur, un écrivain de talent, est un humble. Il a droit, par conséquent, que l'on fasse mention de sa pièce, qui tint l'affiche avec succès pendant plus d'un an.

Au théâtre de l'Avenue de la Liberté j'ai vu représenter la « Loi du Roi de Grenade ». La directrice, une artiste distinguée qui avait l'amabilité de mettre de temps à autre une loge (camarotte), à ma disposition, était l'unique interprète de talent de cet opéra-bouffe sans grand intérêt.

Je devais passer une soirée à l'opéra de San Carlo : je dois relater les circonstances qui m'empêchèrent d'aller juger de l'excellence d'acoustique de cette scène. Peu de jours avant mon départ la baronne d'Arclée, une artiste de grande valeur, aussi parfaitement jolie que distinguée, donna plusieurs représentations à San Carlo. Elle interpréta les principaux rôles de Roméo et Juliette, du Tanhaüser et de Faust, en langue italienne. Pour cette dernière pièce, elle crut plus euphonique, plus gracieux, plus rythmique de chanter en français l'air des bijoux de Marguerite. Deux goujats la sifflèrent et la presse locale eut, à mes yeux, le tort de ne pas relever assez vertement l'affront fait à *un pays ami appelé à entraver peut-être demain les empiétements de l'Angleterre*. Mon patriotisme s'en indigna. Je refoulai ma rancœur, me promettant de châtier quelque jour les deux stupides brutes qui méritaient quelques vigoureux coups de pied au bas des reins, c'est-à-dire à la seule partie esthétique de leur individu. Je n'ai jamais pu les rencontrer ni connaître leur nom, ce qui me contraint à une flétrissure anonyme.

J'adressai le lendemain un sonnet à Mme d'Arclée pour la remercier de n'avoir point fait cas de ces ineptes protestations et continué son chant. Mon indignation perçait à chaque vers. La colère est mauvaise conseillère et je ne le reproduis pas pour ne point jeter une note discordante désagréable, pour un pays que j'aime.

Une amie de ma famille, Mme da Costa, me donna un spectacle qui me fit le plus grand plaisir. Cette personne, qui est sous-directrice de l'école communale de Lisbonne, nous invita à visiter l'école dont le léger et gracieux bâtiment est dans un beau jardin avoisinant la Estrella. Nous vîmes quatre classes parfaitement aménagées et tenues avec des soins de propreté à indiquer à notre conseil municipal qui, cependant, ne liarde pas pour le bien être à donner aux écoliers de Paris. Ces quatre divisions de bambins, dont les plus jeunes (filles et garçons) ont cinq ans, et les grands onze ans au plus, exécutent des ouvrages d'agrément en papier qui sont de petits objets d'art, et des travaux à l'aiguille dont certains présentent de grandes difficultés.

Ils sont soignés par des femmes charmantes qui comprennent bien la suppléance maternelle qui leur incombe et savent pousser les études aussi loin que possible.

À notre arrivée, les enfants groupés suivant leur classe, dans une grande salle qui est au centre de celle des études, nous chantèrent, avec un ensemble parfait, A Portugueza, qu'ils connaissent tous par cœur.

Cet hymne patriotique, dû à l'inspiration de

Lopès de Mendonça, a pour musicien A. Kiel, qui
s'est inspiré, dans sa composition, de la Marseillaise....

A PORTUGUEZA

Heroes do mar, nobre povo
Naçao valente immortal
Levantae hoje de novo
O esplendor de Portugal !
Entre as brumas da memoria
Oh patria sente-se a voz
Dos teus egregios avos
Que ha de guiar-te á victoria !

As armas ! sobre a terra, sobre o mar,
  Pela patria luctar !
Contra os canhos marchar !

Desfralda a invicta bandeira
A luz viva do teu céo !
Brada a Europa á terra inteira ;
Portugal nao pereceu !
Beija o solo teu jucundo
O Oceano, a rugir d'amor ;
E o teu braço vencedor
Deu mondos novos as mondo !

  As armas ! etc.,..

Savdae o sol que desponta
Sobre um ridente porvir
Seja o echo de uma affronta
O signal do resurgir.
Raios d'essa aurora forte
Sao como beijos de mae,
Que nos guardam, nos sustém
Contra as injurias da sorte.

  As armas ! etc,..

Le dimanche qui précéda mon départ, j'eus un avant-goût des distractions des Portugais pendant le carnaval. Vers deux heures, la perspective du Chiado, qui est la plus vivante de la capitale, s'anima. Quelques masques, pierrots, arlequins, gendarmes, — plus ou moins éloqués, — passèrent fiers de capter l'attention de la foule par leur gai travestissement. Les fenêtres du Jockey-Club s'ouvrirent et un bombardement en règle à l'aide de « cocottes » commença sur toute la ligne. C'est la principale attraction du carnaval : elle est d'un goût douteux comme on va en juger.

La cocotte est faite en papier de couleur et chargée de confetti et de sable tamisé du poids de quarante grammes. On jette cela avec force sur le nez des passants, sans prendre garde au sexe, et l'on en brise les vitres des voisins. J'en jetai pour ma part un cent ; j'en reçus bien le double, sans compter les douches froides et parfumées qui m'arrivèrent des fenêtres supérieures. C'est tout ce que je vis du carnaval qui commence de très bonne heure et ne se passe pas toujours sans accident, chose compréhensible puisque des butors vous cassent des œufs sur la tête et sur le visage, aux yeux de la police impuissante à réprimer de tels actes de sauvagerie.

Cela me donna occasion de voir de près les gentilshommes portugais dont le président actuel du Jockey-Club, don Manoel de...., qui est un homme très charmant, porte le plus haut cachet de noblesse et de distinction natives. Il est, avec le roi, sinon le seul, du moins le plus élégant cavalier que j'aie vu à Lisbonne.

La reine Amélie, notre jeune et jolie compatriote, est aussi une très élégante amazone. Peu fière, très communicative même, elle est fort aimée des Portugais qui la voient toujours bonne première quand on organise quelque fête de charité. Sa belle-mère, dona Maria Pia, veuve du très regretté don Luiz et fille de Victor-Emmanuel, possède aussi une grande distinction. Elle est très grave, quoique paraissant encore bien jeune. Il suffit de l'apercevoir pour juger qu'elle est bien reine et jusqu'au bout des ongles.

J'ai parlé du Jockey Club. Je dois citer un mot d'un de ses membres qui est homme d'esprit et prend bravement son parti d'une situation difficile : il est, de notoriété publique, très co...ntrarié par sa femme.

Un jour il arrive très gaiment dans les salons du Jockey.

— Messieurs, dit-il à ses amis sans autre préambule, je viens de c..... la moitié de Lisbonne ! (il prononça crûment le mot).

— Ah ! vraiment, interrogea-t-on de toutes parts, vous avez eu une bonne fortune ? Contez-nous cela, mon cher...

— Une bonne fortune ? Ah ! non, par exemple !

Mais le fait que je vous annonce est matériellement vrai...

— Comment cela, alors ?

— C'est simple : j'ai passé la nuit avec... ma femme !

CHAPITRE XII.

CINTRA. — DE LISBONNE A CINTRA — PAÇO REAL. — LE CASTEL DA PENA. — RUINES DU CASTEL DES MAURES. — LA CHAPELLE DU CHATEAU. — PANORAMA DE CINTRA. — LE PARC. — EN TRAVERSANT LA VILLE. — AU RETOUR.

Ce fut le dimanche 21 janvier que nous nous rendîmes à Cintra.

Cintra est situé à sept lieues de la capitale. Le trajet, qui coûte en première classe un peu moins de 2 francs, s'effectue en une heure. On prend le train à la gare monumentale, on passe en tunnel sous la montagne de Terremetos ; on arrive à San Domingo, puis à Bemfica, banlieue de Lisbonne, où de nombreux moulins agitent leurs ailes à l'horizon.

Les stations suivantes sont Porcalhota, à l'entrée
de la route de Mafra ; Quélus-Bellas, où se dresse
à gauche, dans une perspective assez éloignée, la
silhouette du palais de Quélus, qui fut une résidence royale et dont parle Mme Junot, duchesse
d'Abrantès, dans ses mémoires ; enfin Cacem d'où
l'on aperçoit déjà les hautes cheminées du Castel
da Pena, sans se douter des nombreuses surprises
qui vous y attendent.

Toute la route de Lisbonne à Cintra est entourée
de collines boisées, de champs et de coteaux en
pleine végétation. On voit souvent, entrecoupé par
les montagnes qu'il traverse, l'aqueduc des Aguas
Libres.

La route par laquelle on accède au Paçao Real,
dans un bois très ombreux planté de toutes les
essences, est très abrupte et accidentée. Elle est
presque en colimaçon. A chaque pas, les mules
attelées à la voiture qui nous emporte au petit
trot s'avancent jusqu'à l'orifice de précipices où,
sans l'habileté du conducteur, on serait infaillible-
ment versé. De toutes parts d'immenses blocs de
granit et masses rocheuses pendent sur les collines
à peine supportées à la base par de petites pierres
grosses comme un enfant nouveau né. Plus haut,
une agglomération tellement grande de ces roches
qu'on dirait d'une assemblée titanique des plus
grosses pierres du globe. Tout cela avec la vue du
vaste panorama qui se déroule à l'horizon est d'un

effet magique, sublime, grandiose et presque in-descriptible quand on n'y passe que quelques heures.

Arrivés à une plateforme très haute, où on laisse souffler les mules, nous descendons de voiture. En suivant une allée à main droite, nous nous enga-geons dans un compartiment à quatre portes, en forme de tourniquet, qui est l'entrée d'une route peu escarpée. Elle conduit à la Citerne des Maures, sorte de réduit assez obscur en pierre de taille, où l'eau abonde en pluie fine par un mécanisme natu-rel ou secret que nul ne peut expliquer.

… Les mules reprennent leur rapide ascension, arrivent aux grilles du palais de Cintra qu'elles franchissent et, après une nouvelle course à tra-vers des allées magnifiquement plantées et bien entretenues, nous déposent à la base d'un im-mense labyrinthe au haut duquel est perché le château.

Ce château, construit par Don Joam Ier, fonda-teur de la maison d'Aviz, est une disparate d'archi-tecture où dominent surtout les styles arabes et mauresques. Sur la place où il a été érigé se dres-sait autrefois l'Alhambra des rois Maures de Lis-bonne. Les sculptures des fenêtres, des balcons et des portes, aux dessins originaux et incessamment variés, sont d'une finesse et d'un fini extraordi-naires. Les bords en sont ourlés et dentelés avec un soin méticuleux.

Ici, comme dans toutes les demeures royales, les salles portent une dénomination : Salle des Archers, Salle du Baldaquin, etc., ... Salle d'Audience ou des Tristes souvenirs, où le roi don Sebastien prit congé de la Cour, en 1578 ; Salle des deux Sœurs...

Les Orientaux, qui poussaient si loin l'élégance, même dans les plus humbles détails de leurs habitations, avaient choisi ce lieu édénique pour sa belle situation et les jouissances naturelles qu'il procure. On y voit toujours le Jardin de Landaraxa où toute une opulente végétation étend ses rameaux et où les fleurs aux parfums les plus subtils y débordent le trop plein de leur enivrant calice. C'était dans ce jardin que les dames maures se promenaient au sortir du bain pour y savourer la fraîcheur de l'air embaumé : il leur servait de cabinet de toilette.

Les troncs d'arbres finement ciselés, qui s'élancent avec sveltesse, entourant l'ouverture des fenêtres ; les sculptures des plafonds, dont l'un est orné des écus des 74 plus nobles familles du Portugal et un autre semé de pies ayant au bec la devise : « *por bem* » ; les larges corridors circulaires richement lambrissés ; les arcs pleins cintres enjolivés de sculptures ; les voûtes agréablement burinées : tout cela est magistral et digne d'admiration.

C'est à travers ce dédale, où l'on retrouve de beaux vestiges d'architecture sarrazine, que l'on parvient à la plate-forme du château. On s'y arrête avant de tenter la haute ascension de la lanterne.

Sur cette plate forme, à l'extrémité du carré éclairé par l'horizon de Quélus, est la chapelle du palais, avec les places marquées pour les maîtres et leurs hôtes royaux. À l'entrée se trouve un autel tout en onyx qui est une petite merveille. Les scènes principales qui sont rendues dans le bloc de marbre : La Nativité, la Fuite en Égypte, le Golgotha, la Crucifixion, sont d'une rare perfection. Le vitrail de la fenêtre, aux vives et ardentes couleurs, représente Vasco de Gama.

Après avoir signé sur le registre de la sacristie, nous reprenons notre essor, montant cette fois un escalier tournant qui conduit au faîte de l'édifice. On y parvient par une passe de dix mètres entourée d'une rampe.

Nous sommes à 600 mètres d'altitude.

Le panorama est de plus en plus magique. C'est quelque chose de comparable aux sites les plus pittoresques de l'Auvergne combinés avec ceux de la Suisse. Les rivières qui serpentent de toutes parts dans les plaines, sur les collines, au fond des vallées, à travers des bois de chênes-lièges, des groupes de pins parasols, d'ormes, de hêtres, d'eucalyptus... paraissent comme autant d'écharpes d'argent jetées sur la verdure. Le flot écumeux de la mer que l'on aperçoit au dernier plan vient inonder les terrains qui environnent le bourg de Cascaés et nous

tenons parfaitement au bout de notre lorgnette.
avec les villages des environs qui pointillent comme
autant de petites taches blanches, un navire marchand qui regagne la haute mer. C'est de plus en
plus indescriptible tant cet assemblage de bois, de
montagnes, de coteaux, de maisons semble féerique ou plutôt magique — je le répète, à défaut
d'une expression qui rende mieux ma pensée.

A la descente nous errons par un autre chemin
à travers un assemblage de voûtes, de ponts-levis,
de donjons, de chapelles, de cloîtres, de pans de
murs supportant des terrasses suspendues, des tourelles de toutes les formes et de toutes les dimensions... où l'on voit, à chaque pas, l'élégance, la
grâce, la finesse de touche, la poésie, la délicatesse
de l'Art oriental. C'est le Palacio Acastellado da
Pena, où s'élevait jadis un monastère et où émerge
de la verdure la statue du grand navigateur portugais Vasco da Gama. — Dans un vaste parc, où l'œil
se perd en en sondant les profondeurs, sont cam-
pées, sur deux hautes montagnes, les ruines du
Castel des Maures. Toute une forêt de myrthes, de
bananiers, de palmiers, de camélias, forment des
voûtes suspendues et des allées ombreuses où le
jour s'infiltre à peine. On y voit de nombreuses
fontaines, des haies vives bordées d'hortensias bleus-
foncés, de géraniums et de fuchsias géants ainsi
qu'une longue et large pièce d'eau qui font de cette
résidence un véritable Eden. Les jardins suspendus

de Babylone avaient-ils un aspect plus enchanteur
que ceux de Cintra ? Il est permis d'en douter. La
comtesse d'Edla, chanteuse du théâtre d'Oporto, à
qui le roi don Fernando offrit cette résidence
royale, s'y trouvait si bien qu'il fallut un vœu national et le rachat du palais par souscription, pour
l'en déloger !...

En quittant le Castel da Pena, en retournant par
d'autres belles allées toutes plantées de camélias des
nuances les plus recherchées vers une autre clô-
ture du parc, où nous attend la voiture, on éprouve
un étrange serrement de cœur en songeant si l'on
reverra jamais ces lieux enchanteurs qu'on ne voudrait point quitter. —

Il est cinq heures ! — La nuit descend lentement profilant les hautes montagnes de Castello de Mouros comme des géants qui étendraient
leurs manteaux sur la plaine. — Nous repassons
dans la ville de Cintra où, tristesse de plus en plus
assombrissante, des prisonniers nous guettent au
passage réclamant une aumône à travers les
barreaux de leur geôle. La lune qui baigne de ses
rayons tout le paysage est tellement claire et scin-
tillante, qu'on se demande par instant si ce n'est
pas la mer qui, par de violentes convulsions, s'élève
jusqu'à l'azur.

Nous reprenons le train, et cette tristesse qui
s'est emparée de moi s'accroit encore ! — Je songe à
Paris, à la France..., à l'amour qui a déserté de-

puis si longtemps mon cœur.— Je serais pour toute
la soirée un bien morne compagnon quand de
Fonseca, qui aime la France autant que son pays,
a l'idée lumineuse de fredonner la *Marseillaise*. A
sa prière, je la chante avec ma mauvaise voix,
mais en y glissant toute l'âme que je possède. Les
stances sublimes captent, émeuvent, électrisent
nos compagnons de voyage qui, dans un bel élan
de la fraternité des races latines, applaudissent à
tout rompre. — Quand le chant cesse, ils crient a
pleins poumons : Vive la France ! salut auquel je
réponds par celui de : Vive le Portugal !

MADRID

Madrid

CHAPITRE XIII

J'écrirai quelque jour les raisons pour lesquelles
il fallait absolument que je rentrasse à Paris le
1ᵉʳ février. — Je vais dire maintenant pourquoi je n'y
arrivai pas à date fixe et à quelles circonstances je
dus de connaître Madrid.

Parti de Lisbonne le lundi 29 janvier par le train
de 8 heures du soir, je ne pus — et je ne sais à

quelle faute d'organisation cela tint — obtenir un billet de seconde classe pour tout le trajet. Il me fallait donc reprendre un nouveau ticket dans la capitale de l'Espagne et, sans nul doute, comme a l'arrivée, changer de gare.

Il était six heures du soir, et par conséquent nuit, quand le train arriva à Madrid.

A l'intérieur et dans la salle même où j'allai retirer mes bagages, je vis une collection de guides parlant toutes les langues du globe et guettant la les voyageurs comme une proie facile. On m'avait mis en garde contre eux ; on m'avait dit que le soir il y avait un train à 8 heures ; je cherchai vainement un bureau où je pusse me renseigner.

En désespoir de cause, je m'adressai à un gros monsieur qui, sans doute descendu du même train que moi, donnait des ordres pour qu'on plaçât avec grand soin son bagage sur une voiture analogue à celle de nos chemins de fer. Cet homme, grand comme un de nos moyens tambours-majors, épais comme Silène, très barbu, aux traits énergiques et presque léonins était pelotonné dans un grand manteau à la façon des hommes du Nord. — Il brandissait une canne avec des mouvements d'autorité plus propres à un sabre qu'au jonc douteux qui lui en tenait lieu.

L'homme militaire de tous les pays se reconnait toujours à son prestige ; et, à défaut du « *flair de l'artilleur* », il y a le flair du pékin qui fait deviner le militaire, surtout quand c'est un chef.

J'allai donc à cet homme qui portait une casquette analogue à celle des marins russes et lui demandai, en mauvais espagnol mélangé de portugais, et avec un accent parisien très prononcé, s'il était nécessaire de changer de gare pour prendre le train qui rentrait en France. —

Prodige ! Il me répondit en assez correct français et même sans trop d'accent étranger (ce qui est commun aux races slaves), que le train qui m'avait amené avait continué sa marche sur Paris et qu'il n'y avait pas d'autre départ avant le lendemain matin 7 heures.

Il m'engagea à profiter de cet arrêt forcé pour visiter Madrid qu'il connaissait parfaitement bien. Il s'offrit avec tant d'obligeance à me piloter que je ne crus pas devoir résister. Il fit plus : il eut la complaisance de faire charger *mes équipages* sur une voiture à galeries, m'invita même, la casquette à la main, à monter le premier dans le véhicule et dit au conducteur, en français : « à l'hôtel de Russie ! »

Nul doute permis : J'étais bien en présence d'un marin russe.

Ce qui m'étonna bien un peu dans notre conversation de la gare à l'hôtel, ce fut de le voir s'arrêter à de menus détails tels que ceux de la location des appartements qu'on ne payait que vingt francs par

jour, repas compris. Les Russes ne marchanden
pas d'ordinaire et rien ne leur parait trop bon. O
à entendre mon distingué compagnon, on étai
servi comme des princes parce que l'on avait un
hors-d'œuvre et quatre plats à chaque repas— tou
cela pour vingt francs par jour. Il est vrai que l
service et l'éclairage à la lumière électrique (il ap
puya sur ce dernier mot qu'il prononça « élétri
que ») se payaient à part.

Une confidence en valait une autre. Je ne lui ca
chai pas que mes finances ne s'élevaient guère qu'
la somme de quatre cents francs, avec laquelle i
me fallait achever ma route.

Il me parla de concerts, de théâtre… de distrac
tions dont j'avais été trop sevré dans Lisbonne l
grave. Ses paroles, qui n'avaient rien de trop élo
quemment poétique, opérèrent sur mes désirs un
griserie et je me laissai tenter.

Il était convenu, en arrivant à l'hôtel, où il donn
des ordres pour qu'on m'installât très confortable
ment, que nous irions au concert après diner.

Je fis un bout de toilette, très nécessaire après ce
emprisonnement de vingt-quatre heures dans u
wagon ; puis j'allai m'installer à une des nombreu
ses petites tables de la salle à manger où, aprè
l'avoir cherché assez longuement, je demanda
mais en vain à tous les échos l'officier russe.

J'eus le temps de digérer sur place à mon aise e
vers dix heures, les garçons débarrassant les ta

bles, je crus avoir poussé assez loin la politesse de l'attente.

Ce fut seulement alors que je compris tout. Celui que j'avais pris pour un des subordonnés de l'amiral Avelane m'attendait dans l'antichambre et ce fut debout, et dans l'attitude la plus reepectueuse, qu'il prit mes ordres.

Pour m'être promis d'éviter coûte que coûte le moindre contact avec les guides, pour m'être juré de ne point me laisser rouler par eux, j'avais réussi : — j'étais tombé aux mains de l'interprète de l'hôtel de Russie !

CHAPITRE XIV

J'étais dans la place, il n'y avait pas à capituler.
Je pris bravement mon parti de ne me mettre en
route que le lendemain et, puisque je n'étais pas
trop fatigué de mon trajet de retour, rien ne m'em-
pêchait d'aller où nous avions dit. Ce qui m'y prédisposait plus que tout le reste, c'était le dîner qui
avait été plus copieux, vu mon isolement. Les vins
d'Espagne sont capiteux, ils vous montent vite à la
tête : ceux-ci opéraient déjà leur effet.

Guide... puisque c'était un guide qui m'accom-
pagnait... je me laissai guider avec cette inexpé-
rience des gens droits, incapables de tromperie,
peu enclins à trouver chez d'autres le vice qu'ils
n'ont point. J'espérais entendre quelque boléro,

voir des danses nationales et en être quitte pour
quelques louis. J'étais loin de compte.

Mon guide m'entraîna vers la Puerta del Sol, qui
n'était qu'à deux pas de notre hôtel et nous montâmes en tramway.—En Portugal le tramway porte
le nom de carris-ferro ; ici on l'appelle tramvia. Il
en est ainsi pour la plupart des objets ou des choses. A part quelques inscriptions telles que cerve-
jas (que je pris à Madrid pour un charcutier, vu le
nombre de saucissons pendus à la devanture, et
qui n'était pourtant qu'un commerce de vins) ; à
part cette inscription que l'on retrouve ici à tous
les quatre pas et quelques mots tels que senhor,
comboyo, équipages, retrettes. — il y a plus de
ressemblance entre le portugais et le français qu'entre le portugais et l'espagnol. - C'est tout dire.

Nous prîmes donc le tramways, que j'appelle
cette fois comme il devrait l'être universellement,
et nous allâmes au café concert. A peine assis sur
la banquette de la voiture publique, je me sen-
tis pris d'une douce somnolence à laquelle je m'a-
bandonnai, n'ayant pas à me gêner avec qui s'était
si peu soucié de mes intérêts en me retenant de
force dans la capitale. J'eus une courte vision où
tout un bataillon de Carmen, légèrement vêtues,
m'apparurent jouant des castagnettes et du tam-
bour de basque. Aucune n'avait au corsage de
fleur de *cassie* et ne put par conséquent me la
jeter.

Les songes sont-ils d'essence divine et contiennent-ils en eux quelque avertissement ? S'il en est ainsi, je ne comprends guère le mien.

Quand ce domestique d'hôtel, qui se constituait de force mon guide, et par suite mon camarade, appuya sa grosse main sur mon épaule pour me dire que nous étions arrivés, je regrettai le songe auquel il m'avait arraché et que j'eusse cent fois préféré achever au remisage des voitures publiques, tant il me transportait loin de la piteuse réalité qui se préparait ! Je me laissai conduire à travers des rues louches et nous entrâmes dans un immense café chantant, tout garni de petites tables de marbre. La voûte de ce concert est soutenue par une telle quantité de piliers de fer qu'il faut prendre garde à chaque pas d'y aller donner de la tête.

Nous prîmes place au centre de la salle devant une estrade, vide pour l'instant. Mon guide se fit servir tout ce qu'il y avait de meilleur en consommation, et versa traîtreusement dans mon verre les deux tiers d'une liqueur fort agréable au goût, qui eut le don de m'allumer singulièrement, dès la première gorgée. J'en voulus d'autre ; j'en bus ; j'achevai le carafon.

J'attendais impatiemment l'arrivée des femmes suaves ; j'écourtais par la pensée leurs jupes flottantes et je leur attribuais des visages, des grâces et des charmes de houris. Je n'eus pas à attendre longtemps. Une grande femme toute en noir, qui

était assise à une table voisine, me fit de la main
un signe gracieux. Je la pris pour la directrice de
l'établissement ; elle me parut même assez distinguée .. de loin et je luis rendis son salut avec empressement.

Comment vit-elle, dans ce signe, une invitation
à venir s'asseoir à notre table ? Je n'en sais rien.
Comment vis-je moi-même, malgré cette presque
griserie qui me faisait voir tout en beau, que je
n'avais pas affaire à qui je pensais ? Cela est simple:
qu'elle soit portugaise, espagnole ou française une
drôlesse se reconnaît toujours, sinon à la mise, du
moins aux manières et au langage. Celle-ci me demanda avec une telle ténacité « una coppa da cognac » et, le verre vidé d'un trait, insista avec une
telle persistance pour que je le lui fisse emplir à nouveau qu'il n'en fallait pas davantage pour établir
son identité. C'était une drôlesse dans le sens biblique du mot et, de plus, une gitana dont les
grands beaux yeux noirs andalous n'ont de plus
perfide que leur sourire. le vide de leur cœur et la
corruption de leurs mœurs.

Elle parlait un patois espagnol dont je ne comprenais pas les premiers mots et me fit demander
par le guide si elle pouvait inviter ses sœurs. J'ac-
quiesçai à cette présentation ne voulant pas, en
reculant devant la dépense de quelques pesetas,
donner une mauvaise opinion du caractère français.

Si j'y perdis tout par la suite, je ne m'en plaignis pas pour le moment, car les sœurs étaient de fort jolies filles. Bien qu'on ne présente guère ce monde-là, j'en dirai pourtant quelques mots. L'aînée se nommait Antonia. La seconde d'assez haute taille, à la figure chiffonnée, répondait au doux nom d'Ysabel — que l'on prononce en espagnol Ichabelle. — La dernière s'appelait Lolla. Celle-ci, qui avait une longue natte de cheveux du plus beau noir, lui pendant dans le cou, était à la fois parfaitement belle, distinguée et svelte et ne portait guère plus de seize ans. Elle avait un regard si plein de langueur et de volupté qu'on ne pouvait lui résister et, comme tant d'autres, je fus pris au piège.

Ces trois femmes en longues robes noires étaient d'authentiques gitanas.

Les Madrilègnes s'y connaissent et n'admettraient pas qu'on les trompât comme on le fit pour les Parisiens en 1889 où, à part la Macarona, Soledad et Mathilda, l'impressario Castillan avait recruté et amené toutes les maritornes de son pays. Ysabel, Antonia et Lolla composaient à elles trois, avec deux sujets masculins sans importance, toute la troupe de bailladoras du café del Paz, situé « Calle del minimo nombro, » où je n'invite pas mes compatriotes sans fortune ou à court d'argent à s'aventurer s'ils n'ont la force de résister à tout acte de galanterie, fût-ce la plus élémentaire.

Les mots « coppa da cognac » que ces femmes

répétaient sans cesse, s'en incendiant fréquemment le gosier, furent interrompus par un prélude
de piano, seul orchestre de l'endroit, les invitant à
retourner à leur place. Elles chantèrent des chansons barbares aux notes traînantes, gosillardes,
sans rêverie ni harmonie ; puis elles dansèrent,
au bruit des tapottements de mains de leurs camarades d'estrade, des danses qu'on prétend lascives
et que, pour ma part, je n'aime et ne comprends
pas davantage que la danse du ventre.

Franchement, la Carmen de Mérimée si pleine de
cynisme et d'effronterie, avec la musique de Bizet,
si douce, si entraînante, si langoureuse, a plus de
saveur que toutes les chansons que j'ai entendues
dans ce café et même dans les grands théâtres de
Madrid.

Pour en finir avec les gitanas, je dirai que, profi-
tant de mon emballement, elles firent venir coppa
sur coppa, une quantité de petits verres à abreuver
un banquet politique ; qu'après le cognac elles
demandèrent du champagne ; qu'après ce vin
émoustillant elles commandèrent un copieux souper qu'elles dévorèrent avec un appétit qui dut
bien combler un vide de plusieurs jours ; qu'après
le souper... je payai une note assez ronde puisque,
le lendemain, je dus me présenter au Crédit Lyonnais pour toucher, par anticipation, un chèque
payable à Paris.

Je n'ai jamais de ma vie, même dans les circonstances les plus malheureuses, dépensé autant d'argent pour si peu de chose. Car de cette énervante nuit où je me couchai à quatre heures du matin, sans espoir de pouvoir repartir par le premier train, il ne me resta, pour toute compensation, que l'adresse de ces dames, écrite par la plus gentille des trois. Je la livre à titre de curiosité :

« Ysabel, Antonia, Lolla, Calle Mayor, n° 32, Pral derecha. »

Je n'eus pas le courage, le lendemain ni plus tard, d'aller en vérifier l'exactitude.

CHAPITRE XV.

Nous allâmes le lendemain faire un tour dans la ville, y reconnaître les monuments ; y voir les plus belles promenades... jeter, en somme, un coup d'œil un peu partout afin que je ne repartisse pas sans pouvoir dire un jour que j'étais passé à Madrid, que je l'avais même habité.

De la Calle San Geronimo, où était mon hôtel, il n'y avait qu'un pas à faire, dans une large et belle

rue comme celles de Paris, pour être à la Puerta
del Sol, qui est la place où passe le plus de monde.
Je ne vois, pour ma part, rien de curieux à men-
tionner sur ce rectangle ayant à peine les dimensions de la place Vendôme, rien autre chose à
citer que les nombreuses voies qui y aboutissent.

Nous montâmes dans la direction du Palais royal,
passant par la Ronda de Segovia où nous visitâmes
l'église de San Francisco El Grande, qui a de
superbes portes de chêne sculpté et de belles peintures en fresques ; nous obliquâmes à gauche pour
voir la Casa de Los Guzmanes, qui servit de prison
à François Ier après la bataille de Pavie — maison
très ordinaire, sans style, et comparable à celle
d'un épicier enrichi ; et, longeant la Calle Mayor
par d'autres sinuosités, nous arrivâmes au Palais-
Royal.

El Palacio Real, qui a été construit sur les ruines
de l'Alcazar, s'écroula dans un incendie, sous le
règne de Philippe V, ce petit-fils du Roi-Soleil qui,
avant la journée de Villaviciosa, où Vendôme lui
ouvrit toutes grandes les portes de son royaume,
dut s'apercevoir qu'il y avait encore des Pyrénées.
Cet incendie éclata dans la nuit du 24 décembre
1734. On mit vingt sept ans à reconstruire le palais
actuel, ce qui prouve ou que les constructions
allaient lentement, ou qu'on n'employa qu'un nombre d'ouvriers insuffisant.

A l'intérieur, où l'on pénètre par des galeries

semblables à celles des anciennes Tuileries, une grande cour de milieu ; à gauche, une autre galerie. Cette dernière aboutit à une cour en façade sur le vieux quartier où, au moment de notre arrivée (10 heures du matin), a lieu une parade militaire précédant la relève de la garde d'honneur du palais.

Le régiment qui succède au régiment commandé la veille pour ce service, défile musique en tête et drapeau déployé sous les fenêtres de la Régente. Durant cette parade, d'admirables petits soldats marchent crânement au pas. Leur tenue et leur propreté sont irréprochables. Une musique installée sous le péristyle et celle qui marche en tête de la troupe jouent l'hymne national.

L'hymne national espagnol, qui est sans paroles, est bien incolore et n'a rien d'entraînant. C'est un air bizarre, aux notes précipitées, dont les motifs essentiels se rapprochent de la chansonnette française :

> Pan, qu'est-ce qu'est là...,
> C'est Polichinelle...

La cavalerie qui défile à son tour, deux escadrons de chasseurs à cheval, est solidement montée. A part l'horrible casque prussien des cavaliers, qui les fait la risée de leurs camarades des autres armes, ils n'ont rien qui détonne dans leur équipement ou le harnachement de leurs chevaux. Le fantassin espagnol qui, en petite tenue, est coiffé d'un large béret rouge (avec, au milieu, une plaque de cuivre du diamètre d'une pièce de cinq francs), appelle avec mépris l'homme qui porte le casque à pointe : « allamand. »

Nous traversons, au sortir du palais inachevé, un jardin où....... les après-dinées se promenait Bazaine, l'homme fatal de Metz ; nous passons sur un pont entouré d'un haut garde fou en fer, donnant sur le vieux quartier de Madrid, d'où nous apercevons, en ligne serpentine sans ondulations, le Manzaranés qui alimente la capitale, rivière les trois quarts du temps à sec.

— « Le mot Manzaranés—(me dit mon guide, qui sourit à la pensée qu'il me fera payer cher son érudition) — signifie pommier en espagnol. »

Il me montre, à quelques toises du pont, la maison que Napoléon habita pendant une partie de la campagne d'Espagne et où il signa le décret abolissant l'Inquisition, ce dont les nationaux paraissent satisfaits. Cela a l'apparence d'une ferme abandonnée.

S'il ne se risque pas à dire du mal du premier Bonaparte, il n'a pas la même réserve vis-à-vis de son frère qui fut roi d'Espagne et que les petits fils de ses sujets nomment irrévérencieusement Joseph Bouteille... J'ai le malheur de ne pas me rappeler sur le champ le portrait du roi Joseph et je lui demande naïvement pourquoi ce nom ?

— C'est, — me répond-il. — parce qu'il aimait bien les vins d'Espagne, surtout le Xérès, et qu'il en buvait beaucoup.

Je ne crus pas devoir insister. car il n'est pas plus agréable pour un Français de voir la maison où fut enfermé le rival de Charles Quint que d'apprendre qu'un grand personnage issu de sa nation buvait démesurément à ses heures.

De ce côté. je n'étais pas au bout de mes surprises : on le verra plus tard.

Nous revenons sur nos pas et, par des détours, nous arrivons Plaza de Oriente avoisinant la Bibliothèque royale. le Théâtre royal, le Ministère de la Marine, le Palais du Sénat.

La Place de Oriente. qui est demi-circulaire, est entourée de 44 statues grandes comme l'Hercule du Jardin des Tuileries. Derrière ces statues une haute grille bordant la glorieta (sorte de square) au centre de laquelle se dresse majestueusement la statue équestre de Philippe IV. Le roi est monté sur un cheval lancé au galop et l'on se demande par quel prodige d'équilibre le coursier. qui n'est appuyé que sur les pieds de derrière, tient en place. Cette statue, due au ciseau du sculpteur florentin Pietro Tacca, est un réel chef-d'œuvre. Elle fut offerte au roi par le grand-duc de Toscane.

C'est, de tout ce que nous vîmes dans la matinée. ce lieu qui me laissa la meilleure impression.

L'après-midi, mais assez tardivement, nous nous

remettons en marche. Cette fois, au lieu de prendre à gauche au sortir de l'hôtel, nous tournons à droite dans la direction du Prado.

Nous passons devant la Chambre des députés, monument de construction récente dont le fronton triangulaire représente la Force et la Justice. La façade repose sur six colonnes corinthiennes; l'entrée du perron est gardée par deux lions de bronze massif fondus à l'aide des canons pris en Afrique en 1866.

Face au palais législatif, et le long des terrains de l'ancien palais de la duchesse de Medina Cœli, une gloriette avec, au milieu, la statue de Miguel de Cervantès, trop universellement connu comme écrivain pour avoir autre chose à faire que s'incliner devant son immortel génie. En face, et sur l'un des côtés du palais des Cortès, la Calle del Turco où fut assassiné le maréchal Prim.

Nous arpentons le terrain toujours aussi agréable à la marche ; nous traversons le Prado, passons devant le Retiro et arrivons directement à la Puerta de Alcala qui est au centre de la large place de l'Indépendance.

C'est un arc de triomphe en granit gris qui danserait à l'aise sous le nôtre et ne lui arrive pas à la ceinture. Les statues qui en forment les reliefs sont en pierre de taille; elles représentent des trophées d'armes, des cornes d'abondance, des génies ailés et, aux clés de voûte des têtes de lion. Ce monument divisé en cinq compartiments repose sur des colonnes ioniques copiées sur celles que Michel Ange fit pour le Capitole. Il est destiné à perpétuer le souvenir de l'entrée triomphale de Charles III à Madrid.

Nous allons Calle del Vilar, à l'ambassade de France, où j'ai quelques formalités à remplir et, au retour, nous jetons un rapide coup d'œil sur la Calle d'Alcala où sont installés l'Académie des Beaux-Arts, l'école d'Etat-Major, le théâtre d'Apollo, le cercle militaire, la présidence du conseil des Ministres, les Ministères de la guerre et des finances. Ces deux dernières administrations en sont les plus remarquables. Le ministère de la guerre, ou ancien palais de Buanavista, fut acheté par la ville qui l'offrit à Espartero, duc de la Victoire ; Espartero l'habita pendant deux ou trois ans. C'est une construction du commencement du siècle, tout entourée de jardins, malheureusement déparée par une haute et grossière cheminée en façade sur le Prado. Les Finances, à l'autre bout de la Calle d'Alcala, au cœur de la ville, n'ont rien en apparence qui indique les somptuosités de l'intérieur.

Le soir après dîner nous allons au théâtre d'Apollo voir jouer l'*Africaine*, pièce n'ayant que le titre de commun avec notre grand opéra. Ce théâtre, qui a le même aspect que toutes les scènes françaises, est assez comparable à la salle Favart dont le terrible incendie fit tant de victimes. C'est d'ailleurs l'opéra comique de Madrid. L'extérieur ne paie pas de mine, car il est encarté dans un groupe de maisons et n'a pas une façade de plus de six mètres sur la Calle d'Alcala.

On y joue tous les soirs plusieurs pièces et, à la fin de chacune, le public est obligé de redescendre au contrôle prendre ses billets pour la suivante, incertain de retrouver la place qu'il occupait.

Des deux actes que nous vîmes, celui dont je viens de citer le titre est une critique acerbe de la conduite du maréchal de Campos au Maroc. On se moque de son inaction ; on le représente comme hypnotisé dans ces contrées, s'y accommodant de tout et comptant, pour s'illustrer, sur des événements improbables ou problématiques.

L'autre pièce, une sorte de revue, avait des décors curieux, notamment celui de la leçon de musique où, au dernier plan, se trouvaient deux grands tableaux représentant la gamme. Chacune des notes formait lucarne et, à un moment donné, on y voyait apparaître, à la place des chiffres musicaux, autant de têtes fines et de minois chiffonnés qu'il y a de notes.

Les costumes, que signeraient hardiment nos meilleurs dessinateurs, sont confectionnés avec goût et délicatesse. Une remarque que j'ai faite c'est que, sur vingt figurantes assez jolies et aux formes très plastiques, aucune n'avait un chapeau, des bas ou des souliers pareils.

Le clou de la soirée pour les Madrilègnes était alors la Serpentine. Je n'en dirai rien surtout à ceux qui ont vu la Loïe Fuller, dont l'artiste espagnole m'a paru une assez heureuse imitatrice.

Détail curieux : le public fume dans tous les théâtres de Madrid pendant les entr'actes à la place même qu'il occupe.

CHAPITRE XVI.

UN CABARET. — L'ABSINTHE. — LE PRADO. — LES FON
TAINES DE CYBÈLE ET D'APOLLON. — LE BUEN RETIRO.
— LES RECOLETOS. — LA FUENTE CASTELLANE. — LE
MONUMENT DU DOS DE MAYO. — LE MONUMENT DE
CHRISTOPHE COLOMB. — LA STATUE D'ISABELLE LA
CATHOLIQUE. — LE BOIS DE CHAMARTIN. — LA SIERRA
MORENA. — LE LAC DE MADRID. — LES FUENTES DEL
CISNO ET DE L'OBELISCO.

Le jour suivant, comme il faisait très beau, nous
sortîmes d'assez grand matin dans l'intention de
parcourir les belles promenades de Madrid.

Avant toute chose, et suivant la noble habitude
de mon guide qui avait le gosier très facile et peu
sensible, nous entrâmes dans un débit de « vino
blanco » — si l'on s'en réfère à la plus apparente
des enseignes peintes en lettres jaunes sur les

vitres. Cet établissement — et tous ceux de Madrid sont calqués sur ce modèle — a l'apparence d'une cave où l'on aurait transporté une caisse et un comptoir. S'il n'a pas d'outres en peaux de boucs, en guise de futailles, il n'est pas plus orné ni plus clair que les réduits aménagés dans les fondations de nos sous-sols.

Ce qu'on y boit, à part le vino blanco d'excellente qualité et fort peu coûteux (car le litre ne revient pas à o fr. 50), c'est l'absinthe que mon susdit guide prononce avec une accentuation tellement gutturale qu'on croirait qu'il va rendre l'âme ! Qu'on se rassure, il ne rend rien... pas même la vapeur des nombreux petits verres qu'il absorbe.... pas même la monnaie des douros qu'on lui confie pour régler la consommation.

L'absinthe que l'on sert ici est aussi incolore qu'inoffensive et je ne m'étonne pas que des militaires d'Afrique arrivent à en ingurgiter un ou plusieurs litres par jour. C'est, en somme, une infusion de la plante qui porte ce nom dans un alcool de raisin ou de fruit plus ou moins fort. On en boit à la première heure du matin, on en boit avant les repas, on en boit même après dîner et, quand cela coûte 1 fr. 25 le litre, c'est bien payé. L'absinthe toxique des hommes du Nord ne se trouve que dans les grands cafés et se vend aussi cher que dans les bons établissements parisiens. Toutes les autres liqueurs sont des infusions ou combinaisons alcooliques de fruits dont on retrouve des tranches au fond de la haute et grosse bouteille qui sert à les verser.

Nous prenons un chemin non parcouru jusque là qui, partant de la Calle Echaragay, aboutit, par un vaste circuit, au Prado. Nous suivons d'un bout à l'autre cette large et belle avenue bien plantée de plusieurs rangées d'arbres, qui est certainement la plus belle promenade de la capitale. Le Prado est trop connu pour en faire la description minutieuse. Je dirai seulement, pour ceux qui veulent s'en faire une idée, qu'il a assez de ressemblance avec les Champs Elysées du côté de la Présidence. Les deux fontaines qu'on y voit, en se rapprochant de la Calle d'Alcala, sont celle de Cybèle, où la déesse féconde est représentée sur un char trainé par deux lions, et celle d'Apollon où le dieu de la poésie, dressé sur une conque, conduit des chevaux marins dont le corps est à demi plongé dans les eaux du bassin. Des tritons lancent dans l'air des gerbes d'eau.

A ce point, on est à peu près au milieu du Prado qui compte six kilomètres d'étendue des Délicias au prolongement de la Castellane.

C'est de ce côté que se trouve l'entrée principale des Jardins du Buen Retiro ou du Parc de Madrid, qui, avec son étang et les plantations qui l'entourent, a ici un cachet bien personnel mais sans grand attrait. Sa large et belle allée circulaire se rapproche assez de l'entrée du Bois de Boulogne du côté de Neuilly.

Le Buen Retiro, qui date de Philippe IV, avait comme principales entrées les deux grilles de la rampe de San Geronimo et de la route d'Aragon, tout près de la Puerta d'Alcala. Les nouveaux terrains, qui l'ont agrandi considérablement, s'étendent au-delà de la place Murillo. Ils forment le nouveau parc où l'on voit une montagne artificielle, des lacs, des fontaines, et tous les ornements communs à ces sortes de promenades.

C'est sur le Prado que l'on trouve encore un monument qui, pour être cher aux cœurs espagnols, n'en est pas moins désagréable aux yeux d'un Français. C'est un petit obélisque en granit rouge perpétuant le souvenir du Dos de Mayo, où des patriotes s'immortalisèrent pour la défense du sol contre l'occupation française. Deux officiers appartenant au corps d'artillerie, Daoiz et Velarde, firent sortir les canons de la caserne et tentèrent de s'opposer, à la tête d'un millier d'hommes résolus, à la marche du général Lefranc sur l'un des points de la ville : le quartier Montéléon. Ils furent écrasés sous le nombre et ces deux officiers distingués trouvèrent la mort dans cette journée du 2 mai. Les noms de tous ces héros sont gravés sur le socle du monument.

Los Recoletos et la Fuente Castellane, qui font suite au Prado ou qui, plutôt, le continuent sans

interruption, sont entourés des plus belles constructions de la ville. L'allée du milieu, toujours
aussi large et aussi belle, est encadrée de jolis par-
terres bordés de quatre rangées d'arbres.

C'est entre ces deux allées que se dresse le monument grandiose, de forme pyramidale, élevé à la
mémoire de Christophe Colomb. Au haut de cette
pyramide ornée de fines sculptures est campée la
statue colossale du grand navigateur.

Plus loin et à un autre rond point, une aiguille en
granit rouge cannelé ; et, aux abords du bois de
Chamartin, à l'entrée de l'hippodrome, un groupe
en bronze représentant Isabelle la Catholique à
cheval ayant à ses côtés un gentil page et un
affreux moinillon. Le piédestal à colonnes est en
marbre vert de Séville.

Nous nous engageons dans le bois de Chamartin qui n'a rien d'attrayant et où, chose absolument rare pour un bois, on n'entend pas un
gazouillement d'oiseau !

Après avoir contourné ou franchi des talus, nous
nous arrêtons sur un terre-plein, où l'on heurte à
chaque pas des débris de démolitions de la ville,
pour contempler la lointaine perspective de la
Sierre Morena que l'on croirait à une lieue à peine.

On me montre, serpentant dans ces terrains
accidentés et suivant les murs en talus de la ville,
un ruisseau large comme la main qui porte le nom
prétentieux de lac de Madrid.

Nous revenons sur nos pas pour prendre le tramway près du salon de peinture et de sculpture des artistes vivants, vide et désert pour l'instant. On m'indique en passant deux petites fontaines portant les noms de Fuentes del Cisno et de l'Obelisco et nous quittons la voiture publique, à hauteur de la Calle del Turco, vers deux heures.

CHAPITRE XVII

Je n'ai plus grand chose à dire sur les rues, les
monuments, les places de Madrid. Je les ai vus
beaucoup trop en hâte, et avec la préoccupation de
me débarrasser au plus vite de mon guide, pour
avoir pris quelque plaisir à les observer de très
près. D'ailleurs, j'avais l'esprit distrait et par mon
départ compromis, et par les frais d'hôtel dont la
note montait chaque jour, et par le défilé de mes
douros — ceux que m'avait avancés le Crédit Lyonnais sur le dépôt de mon chèque payable à Paris.

Je dois dire tout à l'honneur de cette administration, qui jouit d'une confiance bien méritée sur

la surface du Globe, qu'elle ne spécula pas sur mon ignorance de la valeur de l'argent français. Je touchai pour la première fois une prime assez importante, environ quarante francs de bénéfice pour deux cents francs. Le Crédit Lyonnais se contenta de prélever deux francs pour les frais.

En outre, j'attendais de jour en jour une lettre de Paris contenant l'argent nécessaire pour le règlement de mes dépenses...

Ce que je vis encore avec mon guide, ce fut la Banque d'Espagne, un immense et somptueux monument, tout en granit et en marbre, dont chaque escalier, chaque salle mériterait une longue description et qui fait le plus grand honneur à cette nation amie.

La première pierre de ce vaste et spacieux monument fut posée par Alphonse XII.

Qu'il me soit permis à propos de ce souverain qui, recherchant notre alliance dont il faisait le plus grand cas, eut le tort de suivre les conseils d'un ministre perfide — la Vega di Armijo — qui le fit passer par l'Allemagne au lieu de venir directement chez nous... Qu'il me soit permis, — dis-je — à propos du roi Alphonse, vraiment Espagnol par le cœur et par les aspirations généreuses, de citer un trait de sa vie digne d'être connu.

C'était en 1884, alors que l'épidémie de choléra qui sévissait à Aranjuez y faisait tant de victimes.

Le roi, ému du malheur des habitants de ce pays, résolut d'aller les consoler et les soulager. Il fit part de ce désir à son premier ministre qui, loin d'y acquiescer, l'en dissuada, prétendant que son gouvernement ne permettrait pas une telle démarche. Le roi Alphonse, qui savait vouloir et accomplir sa volonté, ne dit plus rien de ses intentions ; mais, le lendemain, mettant seulement dans la confidence le cocher qui devait le conduire à la gare, il partit pour Aranjuez par le premier train, après avoir laissé pour la reine un pli qu'elle ne devait ouvrir qu'à son petit lever, c'est-à-dire à l'heure où il ne serait plus temps de s'opposer à ses desseins.

Il partit donc pour Aranjuez. Reconnu, à l'arrivée, par un philanthrope qui venait de la ville avec les mêmes intentions que lui, le roi lui prit familièrement le bras et l'invita à l'accompagner dans sa visite de bienfaisance, qui produisit la meilleure impression sur cette population tant éprouvée. Ils virent dans cette journée autant de cholériques qu'on en peut voir et le témoin de cette scène émouvante dit qu'Alphonse XII paya partout de sa personne et de ses deniers.

Le bruit du départ du roi s'était répandu dans Madrid. A son retour, les ministres, les hauts dignitaires, les gens les plus suspects de républicanisme même, se portèrent en foule à la gare pour y acclamer le monarque qui, on peut le dire, fit une entrée bien triomphale dans la capitale.

Ce fait simple par lui-même, mais qui ne pouvait venir que d'un grand cœur, m'a plus ému que je ne saurais le dire. J'ai oublié, pour ma part, l'affront que nous fit Alphonse XII et j'eus voulu aller déposer quelques fleurs sur son tombeau, à l'Escurial. Le temps ne me l'a pas permis, mais ce n'est que différé.

Au sortir de la Banque, nous devions aller au Musée, riche en chefs-d'œuvre surtout des grands peintres nationaux : mon pseudo marin russe prétendit qu'il n'était pas ouvert ce jour-là. Nous errâmes un peu à tort et à travers par la Calle des Carettas et la carrère San Geronimo, revenant sans cesse sur nos pas ou repassant par des rues où je savais me reconnaître sans le secours de personne. Nous vîmes la place de Santa Anna où est la statue de Calderon, le théâtre de la Zarguela, le théâtre de la Comédie espagnole, le café fréquenté par les torreros ; et après un assez long trajet du côté de la Calle d'Atocha, la faculté de médecine, les ministères d'Ultramar et de Fornento, l'hôpital général, l'église San Sebastien. Revenus au Prado, et comme si nous avions tourné dans un cercle vicieux, on me montra les grilles du Jardin botanique qui longe la gare des Delicias.

Nous vîmes en chemin, en revenant sur la Calle Mayor, le grand bazar de l'Union, aussi bien agencé que celui de l'Hôtel de Ville, mais moins bien approvisionné, car il me fut impossible d'y faire l'acquisition d'un carnet de notes. Tout ce qu'on m'exhiba dans le genre était ou trop volumineux, ou trop mesquin, ou trop cher.

Tout près de ce bazar, il y a un bel hôtel dont le balcon tout en fer forgé est d'un travail remarquable.

Il était l'heure de l'apéritif : nous allâmes le prendre au café français où j'espérais rencontrer quelque compatriote de distinction et lui proposer de faire une partie d'échecs.

Le café français, qui appartient réellement à un de nos nationaux (le fait contraire pouvait bien exister, l'hôtel de Russie où je demeurais étant tenu par un Italien), est un assez grand établissement bien en façade et qui peut rivaliser sous ce rapport avec les autres cafés de la ville. J'aurais aimé y voir un intérieur plus luxueux et surtout une clientèle plus recherchée. A part un ou deux anciens militaires aux allures de capitaine Fracasse, qui purent bien avoir dans l'armée au moins le grade de maréchal des logis, au plus celui de capitaine, ce sont des commis-voyageurs, de petits commerçants ne parlant que d'affaires ou des gommeux aux manières suffisantes et encombrantes qui viennent faire de l'œil à la dame de la caisse. Tout ce monde-là joue aux dominos, ou à la manille avec des cartes françaises fort rares à Madrid. Plus loin, à une extrémité de la salle, trois joueurs tiennent le billard et sont entourés de parieurs qui les empêchent littéralement de pousser la queue. Dans une autre partie de l'établissement, affectée au restaurant, se tient une pensionnaire de la maison au type juif très accentué, jeune et mise élégamment, qui attend le dîner ou autre chose· Son impatience se devine à ses fréquents regards qui voudraient faire tourner plus vite la grande aiguille de l'horloge : — ce phénomène s'accomplirait si ses grands beaux yeux pers étaient aussi aimantés que brillants.

Je m'adresse au patron du café pour trouver un joueur d'échecs : il n'en connaît point. J'avise un officier espagnol assis à une table près de la nôtre. Il m'exprime ses plus grands regrets de ne pouvoir me satisfaire. Je renonce naturellement à faire le tour du café et viens me rasseoir, essuyant le long boniment d'un placier en peintures qui se dit artiste et alsacien, mais qui est un véritable Prussien ayant dû exploiter pas mal de peintres dans la détresse ! —

CHAPITRE XVIII

UNE COURSE DE TAUREAUX

LES VOITURES ANNONCES. — UNE FEMME « PAS COMPRO-
MISE ». — LA PLAZA DES TOROS. — CORRIDA DU 2
FÉVRIER 1891 : DÉBUTS D'UNE ESPADA, RETRAIT D'UN
TAUREAU. — IMPRESSIONS.

Le 2 février, dès dix heures du matin, des voitures circulèrent dans la ville, portant de grandes
enseignes de percale blanche. Tellement habitué à
en rencontrer chaque jour d'analogues dans Paris
et à ne point les regarder, je ne fis pas autrement
attention à celles-là.

Mais mon guide qui ne perdait pas le nord, qui
avait prétexté je ne sais plus quelle monstruosité
pour me dissuader d'aller à l'Escurial, que je tenais

infiniment à voir, devait être un fervent de ces sortes de spectacles, car ses premiers mots en m'abordant furent :

— Il y a aujourd'hui des courses de taureaux... Il faut voir *des* courses de taureaux.

Les courses de taureaux ! — J'en avais lu les descriptions de Dumas et de Gautier : j'en avais eu un avant-goût par celle donnée, en 1887, à l'ancien Hippodrome de l'Alma, au bénéfice des inondés de Murcie ; et, pendant l'Exposition du Centenaire, quoique jouissant des entrées de faveur un peu partout comme membre de la presse parisienne, je n'avais pas été un enthousiaste de la Plaza des Toros.

Je ne suis pas un sanguinaire et, dois-je l'avouer à ma honte ou à mon honneur, ce spectacle ne me tentait point.

La journée débuta mal ! — L'homme qui m'avait dupé à la gare en me faisant manquer le train ; qui avait agi de complicité avec les gitanas, ainsi que je l'appris plus tard... et qui, sous le prétexte de me faire connaître Madrid, m'entraînait chaque matin dans un nouveau cabaret borgne !... L'homme que j'aurais bien pu appeler *la boulangère*, à la façon dont il faisait danser mes écus... mon guide, enfin, me demanda tout de suite de l'argent et beaucoup d'argent pour retenir nos places. — De l'argent ! Beaucoup d'argent ! — Mes ressources diminuaient de plus en plus et ce fut bien à contre-cœur que je lui allongeai un beau billet neuf de cinquante pesetas que le très-obligeant employé du Crédit Lyonnais avait cherché exprès pour moi dans une liasse de billets usés.

Il l'entama par l'achat de beaux cigarillos dont il s'approvisionna amplement. Il me conduisit ensuite dans un nouveau débit de vino blanco où nous bûmes force rasades d'un vin agréable au goût, encore plus capiteux que le Xérès. Me trouvant à point, il m'amena dans un petit coin d'une rue très obscure même en plein jour — rue bien faite pour le guet-apens qu'il me tendait — où il me présenta une femme qui n'était *pas compromise.*

Je dois une explication sur ce mot qui n'a pas du tout la signification qu'on pourrait lui attribuer en français. — Quand une femme vous dit : — « Sто compromise », cela veut dire simplement qu'elle est attendue. Est-ce par un parent, par une amie ou un amant ? Cela peut s'appliquer à n'importe lequel et il faut se contenter de l'excuse qu'elle donne.

La personne qui n'était *pas compromise* — et qui, du reste, n'était pas à compromettre — ne me parut pas de la première jeunesse. Elle était petite, boulotte, d'un physique assez agréable, mais ridée comme le sont toutes les Castillanes ou, plutôt, toutes les femmes originaires de la Vieille-Castille. Elle parlait couramment français et je ne fis pas plus attention à ses rides qu'au vieux châle gris-

pisseux qui lui couvrait les épaules. Je fus galant,
elle devint peu à peu expansive.

Elle m'apprit qu'elle avait habité Paris à l'époque
de l'Exposition — probablement celle de 1867 ? —
où elle avait servi au bar américain de la rue de la
Chaussée-d'Antin. J'étais trop jeune alors moi-
même pour être compromis et je ne craignis pas
qu'elle m'accusât d'être de complicité dans les nombreux méfaits qu'elle imputait à nos compatriotes.
L'un d'eux, le comte de X..., l'avait détournée de
ses devoirs — j'aurais pu lui demander quels sont
les devoirs des filles de brasserie : cela eût été trop
naïf ! — Elle me dit qu'elle avait vécu quelque temps
avec lui, qu'il lui avait fait vendre ses bijoux et
finalement qu'il l'avait abandonnée.

Ce rôle de chevalier sous-marin qu'elle attribuait
à un gentilhomme, qui est dans toute l'acception
du mot un galant homme, me fit une mauvaise
impression. Je l'eus quittée séance tenante, n'eût
été la crainte de quelque médisance ou perfidie à
laquelle je ne voulais point m'exposer.

L'heure du déjeuner étant sonnée, ma Vieille
Castillane, sous le prétexte de m'éviter un supplé-
ment coûteux à l'hôtel de Russie, se fit convier
dans un grand café-restaurant de la Calle d'Alcala
où, naturellement, l'homme à la face moscovite
trouva son couvert.

On nous servit à la française. Je mangeai peu ou
je mangeai mal, ce qui n'a pas d'intérêt. Le café

additionné de plusieurs verres de fine champagne
bu très chaud, nous sortîmes pour prendre la voiture conduisant à la Plaza de Toros. Le véhicule,
où l'on tenait à grand peine à quatre personnes, et
où deux voyageurs étaient déjà installés, nous em-
porta tous les cinq au milieu d'un tohu-bohu général et d'une mêlée de fiacres, d'équipages et de
chars-à-bancs dont le retour de Longchamp donne
une idée assez approchante. Trop occupé d'être
agréable à ma vénérable compagne qui se plaignait
du froid, malgré une température de 15 à 20°, je ne
prêtai pas trop d'attention au spectacle de la rue.
Je le regrette aujourd'hui car, pour ceux qui aiment
la couleur locale, j'en aurais consigné minutieuse-
ment les moindres détails.

Le trajet ne dura pas longtemps et nous arrivâmes en vue des Arènes de Madrid entre deux et
trois heures.

Théophile Gautier a écrit :

« La plaza des Toros est située à main gauche en
« dehors de la Puerte d'Alcala, qui est une assez
« belle porte. C'est un cirque énorme qui n'a rien
« de remarquable à l'extérieur et dont les murailles
« sont blanchies à la chaux ! »

C'est toujours la même chose.

Où ça ne l'était plus, c'est quand il dit :

« Le lundi dia des toros » (jour des taureaux).

Or, le 2 février, date de cette corrida si, à défaut
de mes souvenirs, je consulte le calendrier, était

bien un vendredi. J'ajoute encore comme rectifica-
tion (hélas ! tout change ici-bas), que je ne vis pas
quelque robuste caballero arrivant aux Arènes portant en croupe sa plus ou moins jeune moitié...,
pas plus que nous ne prîmes nos billets au bureau
de location de la Calle des Carretas ; nous trouvâ-
mes des marchands, même en assez grand nombre,
sur la Plaza des Toros.

Ceux qui veulent avoir une idée des Arènes de
Madrid n'ont qu'à se reporter à l'Exposition de
1889 et à revoir par la pensée celles de la rue Per-
golèse. A part les gradins construits ici en pierre
et où les places sont numérotées, le coup d'œil
d'ensemble est le même. C'est un immense cirque
sans plafond, dont le ciel fait le décor, un beau ciel
limpide comme celui que nous eûmes pendant la
visite des officiers russes ; des arènes massives où le
siège est formé d'une pierre sans appui pour le dos,
sauf dans les loges et surtout celles de la reine et
de l'Ayuntamiento (municipalité), qui préside au
spectacle. Celles-ci sont tendues de velours rouge
garni de franges d'or, avec draperies sur le devant.

Il y a les places à l'ombre et les places au soleil
dont la différence de prix est assez sensible, chose
que je n'ai pas eu à constater. Pour être resté assis
sur le granit bleuâtre, au second rang des gradins, c'est-à-dire à un endroit assez exposé, mon
beau billet de cinquante francs n'y est pas moins

passé tout entier, déjeuner et frais de voitures compris. On m'a dit que c'étaient là des places à 3 francs au maximum.

Je ne vis pas, à l'extérieur, l'entrée de la garde civique. J'assistai à l'arrivée des toreros.

Je recopie sur mon carnet les noms des trois toreadors ou matadors ou *espada*, si l'on veut leur donner les noms — plus particulièrement ce dernier — sous lesquels les désignent les Madrilègnes.

Ces trois espadas de la Corrida de novillo el sdia 2 de febrera étaient :

Gavira. Florensanz et Pipa.

L'un des trois combattait pour la première fois : il eut un grand succès. Le second accomplit sa périlleuse tâche adroitement comme à l'ordinaire. Le dernier, qui avait couru dans mainte *corrida* et couché sur le sol le *toro*, se vit infliger la plus grande honte qui puisse cingler une *espada* dans son orgueil souvent ridicule et même intempestif : on lui retira le taureau. Je dirai plus loin dans quelles circonstances.

Une fanfare riche en cuivres, et où dominaient surtout les notes retentissantes des trompettes, exécuta une marche. Le défilé au milieu de l'arène des piccadors, espada, banderillos et chulos, précédés de deux alguazils, commença en ligne directe d'une porte percée sous l'estrade de la musique à la loge de l'Ayunta-

miento, devant laquelle ils vinrent tous s'incliner.
Parmi ces hommes aux costumes plus ou moins
bariolés, dont les ors rutilent au soleil et les couleurs attirent les regards, ceux qui me firent la
meilleure impression furent les piccadors. Ils se
tiennent très majestueusement en selle sur des
chevaux étiques mais assez nerveux. Leur gravité,
leur sang froid, leur intrépidité sont à la hauteur
des dangers qu'ils courent car, s'ils ne tuent pas le
toro, s'ils ne font même que l'exciter, l'énerver,
l'irriter pour la scène finale, ils sont par moments
plus exposés que l'espada. L'un d'eux — je regrette
de ne pas connaître son nom pour le citer — tout
en se dérobant par de vifs mouvements de selle et
en piquant à maintes reprises très adroitement le
taureau au défaut de l'épaule, eut trois chevaux
éventrés sous lui dans la même course. Un autre,
qui venait en sens inverse et rencontra l'animal à
quelques mètres de l'endroit où nous étions, reçut
un coup de corne en plein visage d'où le sang jail-
lit abondamment. Démonté par un mouvement de
côté qui lui sauva peut être la vie, il eut la force
et le courage, malgré la souffrance qu'il éprouvait
et dont son visage portait les traces, de remonter
sur son cheval qui, lui, n'avait pas été atteint. Un
banderillo qui avait très habilement planté ses
deux harpons en forme de quenouille au milieu
des épaules de la bête, lui frôlant presque les cornes pour accomplir ce tour d'adresse, fut tellement

serré de près qu'il dut sauter sur la barrière qui
entoure la première enceinte. Le taureau ne lui
pardonnant pas le mal qu'il venait de lui faire
franchit à son tour l'obstacle et le poursuivit dans
cette allée circulaire en retrait à la crainte des
spectateurs qui redoutaient qu'il ne l'escaladât.

Faut-il répéter, après Dumas et Gautier, quelle
est la tâche des chulos qui, la capa rouge sur le
bras, qu'ils déroulent et font papillonner devant le
taureau, l'excitent, l'irritent, l'éblouissent ou lui
donnent le change. Ils sont agiles, minces et très
lestes, surtout quand ils sont poursuivis par l'animal furieux et sautent, en s'aidant des deux mains,
une barrière de plus de deux mètres de haut.

Les banderillos donnent au taureau, en le piquant de flèches barbelées, munies d'un fer et en-
jolivées de découpures de papier, le degré d'irritation nécessaire pour qu'il se présente bien au
glaive de l'espada.

L'espada, qui a à la main une sorte de petit guidon en drap rouge dans lequel il enveloppe son
épée, doit frapper le taureau à un endroit marqué
sur l'épaule gauche. Il est vêtu, comme le chulos
et le banderillos, d'une veste et d'une culotte
courtes aux couleurs vives, mais agrémentées d'or
ou d'argent, suivant sa fortune personnelle.

Quand l'animal sort du toril assez obscur et voit
le jour, il s'arrête d'abord interdit. Si on l'examine alors, il parait plutôt doux et inoffensif et

l'on s'apitoie sur le sort de la pauvre bête qui va être immolée sans raisons, avec tous les raffinements d'une barbarie quasi inquisitoriale. On ne comprend pas l'attrait de ce jeu cruel qui accroît sans cesse son irritation, sa fureur, l'essouffle et fait jaillir avec l'écume de ses lèvres la fumée de ses naseaux ; qui fait tourner sa queue en tous sens comme un fléau, lui fait battre le sol et incliner la tête, ce qui est l'indice du paroxysme de la rage. On le plaint et l'on serait tenté de crier à ces douze ou quatorze mille spectateurs qui se font un jeu de ses souffrances : vous êtes des gens sans pitié, sans cœur ! Vous êtes des barbares !

Mais, quand on a vu éventrer un cheval, quand on a vu la pauvre bête se roidir, se cabrer, quand on voit pendre ses intestins violacés par la plaie béante et se traîner à petits pas emportant encore son cavalier ; quand on voit le noble animal se tordre, s'abattre, s'aplatir littéralement sur le sol pour ne plus se relever ; quand on assiste à son agonie courte mais horrible pour toute âme sensible ; quand on regarde tristement ce pauvre corps qui ne fait plus qu'une tache noire sur le sable, à peine une ombre sur laquelle l'animal rugissant se rue et l'enlève de sa corne à plus d'un mètre... Alors, on est pris d'une colère instinctive, d'une rage sourde contre le taureau ; on ne fait plus attention aux taches de sang qui maculent sa robe sombre ; on ne se souvient plus qu'il a été provoqué, excité même à ce meurtre par la piqûre vive du fer du piccadore ; on assiste impassiblement à son supplice quand des filets de sang jaillissent sous les pointes aiguës des flèches des banderillos..... Et, quand par un coup nerveux, adroit, l'espada lui plonge sa lame dans le cœur jusqu'à la garde, on se lève avec la foule, on trépigne et l'on crie avec elle : Bravo torero ! Bravo torero !

Dans une seule course — je l'affirme et les journaux du 2 février en font foi –, j'ai vu éventrer quatre chevaux, dont deux ne se relevèrent plus ! J'ignore si les autres purent *être recousus* pour reservir, comme c'est l'habitude, à de nouvelles corridas.

Le taureau qui s'affaissa dans cette première course, tirant une langue démesurée et pleine d'une bave sanguinolente, aurait peut-être eu une longue et nerveuse agonie sans le secours du cachetero qui vint lui donner le coup de grâce.

Comme le dit Gautier dans sa très-picturale description :

« Les trompettes dominant sur les autres cui-
« vres de la fanfare, sonnèrent la mort du taureau ;
« et quatre mules harnachées magnifiquement,
« avec des plumets, des grelots, des houppes de
« laine et de petits drapeaux jaunes et rouges, en-
« trèrent au galop dans l'Arène. »

Elles repartirent trainant avec indifférence trois cadavres.

L'affreux spectacle de ces nobles bêtes ayant leurs entrailles pantelantes m'avait occasionné un mal de cœur qui ne me prédisposait guère aux émotions de la course suivante.

Celle-ci, quoique ponctuellement accomplie dans les mêmes formes, fut moins meurtrière.

L'espada qui débutait, Florensanz je crois, alla, comme son collègue Gavira, saluer la loge de l'Ayuntamiento et demander la permission de tuer le taureau. Puis il s'arrêta un peu plus loin, **devant** une autre loge occupée par un personnage influent à qui il fit un hommage anticipé de l'exploit qu'il allait accomplir.

Son succès dépassa toute prévision.

A un moment, il marcha droit au taureau qui, sortant de son immobilité, se précipita sur lui et lui fit tête. Son guidon rouge ne fit qu'un tour : l'acier de sa lame brilla au soleil et il la plongea nerveusement fébrilement même, tout entière dans le flanc de l'animal. C'était un coup de maître. La foule trépigna, applaudit ; les femmes jetèrent leurs bouquets et leurs éventails dans l'arène ; les hommes y lancèrent leurs chapeaux, des cigares, des oranges, et quelques-uns même des pièces de monnaie. Le personnage qui avait accepté la dédicace du coup donna au vainqueur son superbe chronomètre avec la chaîne, et celui-ci fit le tour du cirque les montrant aux spectateurs qui l'acclamaient au passage par des vivats frénétiques.

Le troisième espada eut affaire à un taureau rusé qui se déroba à quatre reprises, rendu de plus en plus furieux par les coups d'épée malheureux qui lui entamaient chaque fois profondément la chair. J'entendis le cri plusieurs fois répété de *hora !* qui sortait des douze mille poitrines des assistants.

Le mot *hora !* qui n'a pas son équivalent en français, signifie, pour la foule avide de ces spectacles émouvants : « Il faut tuer le taureau sur le champ, « sans plus tarder ; on ne vous permet pas de pro- « longer davantage son martyre ».

Le pauvre diable, qui suait sang et eau, ne comprenait que trop sensiblement sa honte ! Dix fois il s'exposa aux coups de son redoutable adversaire, désirant presque une mort plus inutile que glorieuse ! Mais le peuple madrilègne, qui ne voulait à aucun prix d'un dénoûement tragique, hurla un dernier hora ! et adressa des vociférations à l'Ayuntamiento qui, malgré toute sa bienveillance, dut lui retirer le taureau.

Pendant que le malheureux tordait ses mains en signe de désespoir et élevait ses yeux gros de larmes vers les spectateurs qui le huaient sans pitié, un troupeau d'une demi-douzaine de vaches, ayant au cou de grosses clochettes, sortit du toril. Elles se répandirent dans l'enceinte et formèrent une haie au milieu de laquelle l'animal fougueux, qui n'avait pu être vaincu, rentra majestueusement à l'étable protectrice.

La nuit était descendue; on allumait quelques torches et les gallegos et machacos, en société de tous les gamins des rues de Madrid, inondèrent le cirque où commença une course avec de jeunes taureaux emboullés. Ceux-ci, qui prenaient peut-être leur rôle au sérieux, renversaient, à chaque élan, des groupes de jeunes gens qui en étaient quittes pour de légères contusions ou seulement pour un bain de sable. Ce fut l'affaire d'un petit quart d'heure, au bout duquel vibra l'air de la retraite.

Pendant ce temps, on dépeçait les bêtes abattues dont la chair est vendue au profit des pauvres de la capitale. Et les vainqueurs de la journée, surtout le débutant, s'apprêtaient peut être à des succès féminins qui — m'assure-t-on — ne leur manquent guère bien que, sortis de leurs fonctions de bourreaux, ce soient en grande majorité des gens sans éducation, sans instruction ni principes.

CHAPITRE XIX

LE CARNAVAL DE MADRID

LE PREMIER MASQUE. — LE CHAR DES MINISTRES. — UNE CONFRÉRIE. — DEUX OFFICIERS EN GOGUETTE. — LA CAVALCADE DU MARÉCHAL DE CAMPOS. — SUR LE PRADO. — LA ESTUDIANTINA. — UN BAL D'HOMMES. — LES PROVINCES : LES ARAGONNAIS ET LA VIERGE DEL PILAR ; LES BASQUES ; LES NAVARRAIS. — LA DANSE DES BATONS. — LA COUR DES MIRACLES.

Dans mon malheur — qui n'était par le fait qu'une perte matérielle très réparable — j'eus la chance d'être à Madrid pour le Carnaval.

Le premier masqué qui passa le dimanche gras Calle Echaragay, où je venais fréquemment tenir compagnie au débitant de vino blanco — un très aimable compagnon parlant bien français — était une femme légère. Je dis légère. mais légère dans toute l'acception du terme. à en juger par ses mouvements dégagés. la sveltesse de sa taille, sa marche vive et sautillante. autant que par son costume. Celui-ci, assez primitif, se composait d'une courte chemise de batiste blanche. d'un simple corset emprisonnant d'opulentes formes, d'un maillot chair où l'on voyait. après un délicieux mollet aux plus fines attaches. la naissance d'une cuisse ferme et arrondie. La personne était masquée, gantée jusqu'au bras et avait un chapeau genre directoire très haut en forme. aux couleurs voyantes.

Cela promettait, mais ne tint pas autant par la suite.

Dans la rue défilait, au carrefour San Geronimo, un grand char attelé de quatre vigoureux chevaux où les personnages debout, en habit noir et cravatés de blanc. avaient chacun sous le bras un portefeuille. C'était la mascarade des ministres alors en fonctions. avec des masques ressemblant assez à la physionomie de ceux ci.

Peu au courant du mouvement politique espagnol, je ne compris presque rien à la critique de fond visant les actes des gouvernants. Je vis seulement que les gestes et les mouvements de lèvres de plusieurs des déguisés indiquaient que leur sosie était avant tout grand discoureur. Il ne faut pas aller plus au fond des choses et, dans la circonstance, je ne me permis pas de faire chorus avec la foule qui, à tort ou à raison, huait ou acclamait quelqu'un de ses représentants.

Je vis ensuite un groupe d'une vingtaine de gamins qui, à défaut de bure, s'étaient taillés des vêtements dans des sacs et singeaient assez ingénument une corporation de moines. L'un d'eux brandissait par moments une discipline dont il cinglait vigoureusement les reins de ceux qui s'écartaient des rangs.

En remontant vers les Cortés, et à l'angle de la rue Echaragay déjà citée, je vis arrêter deux officiers en bourgeois qui se trouvaient, à cette heure matinale, en état d'ivresse et venaient d'avoir une rixe avec d'inoffensifs passants. Ils eurent beau décliner leur qualité et parler au brigadier de police sur un ton de commandement entrecoupé de hoquets : on les emmena quand même au commissariat de police où ils furent consignés dans un in pace jusqu'à complète dégriserie.

Puerta del Sol, devant le Ministère de l'Intérieur, qui porte ici le nom de Gobernacion, je vis défiler une cavalcade ayant en tête un homme en habit noir, correctement vêtu, mais peut-être un peu gêné sur sa monture par la présence d'un bédouin qui le tenait à bras le corps. Il arrêtait fréquemment son cheval et se retournait vers sa petite troupe d'Arabes pour lui adresser des paroles pleines de douceur et de bienveillance. On m'apprit que le chef de cette cavalcade représentait le ma

réchal de Campos, que les Espagnols accusaient de
s'endormir au Maroc dans une trop douce quiétude
et d'être un père au lieu d'un ennemi pour les in-
digènes qu'il devait mettre à la raison.

L'après-midi, j'allai me promener sur le Prado
en compagnie de la vieille Castillane — je ne fais pas
de mot — qui m'avait fait l'honneur l'avant-veille
de s'offrir une place à mon compte aux courses de
taureaux. Usant de mes ressources dans les limites
du possible, je ne lui offris ce jour-là qu'un bou-
quet de violettes de dix centimes, ne voulant pas
entamer le dernier billet de banque qui me restait,
afin de lui assurer par moi-même une plus longue
existence.

Je réfrénai ma soif et ma fatigue, trouvant ex-
cessif de payer un franc le soda que l'on vous sert
à quelque terrasse des cafés du Prado, — ou de louer
pour une ou deux heures, au prix de o fr. 50, un
siège de fer peint en jaune.

Il était grand temps que je devinsse économe ;
et, d'ailleurs, la nuit n'était pas venue.

Ce que je vis de bébés aux costumes riches et
amples, aux longues perruques jaunes pendant
dans le cou, — les uns assis au fond de brillants
équipages, les autres debout sur les marche-pied
des fiacres... tous représentant des jeunes filles ou
des fillettes au visage très agréable ; — ce que je
vis de pages circulant en tous sens ; de guerriers
plus ou moins galonnés ; de polichinelles plus ou

moins grotesques : d'arlequins masculins ou féminins plus ou moins dégagés..... Ce que je vis de
tous les travestis — qui n'ont, d'ailleurs, rien de
plus extraordinaire que ceux rencontrés dans tous
les bals masqués — est inénarrable.

Mais, ce qui me plut davantage, ce furent les
costumes enfantins des petites filles déguisées en
reines, marchant avec une grâce et un nonchaloir
ayant bien quelque chose de majestueux. Les dé-
guisements toujours riches, même quand ces enfants appartenaient à la plus basse classe, indiquaient une recherche et un goût de la part des
parents dont on est fort peu large dans notre
pays.

Les femmes, travesties et gantées de clair, ont au
corsage et à la main de petits bouquets qu'elles
tiennent au manche de leur éventail, qu'elles
balancent fort gracieusement. De leur main libre,
elles prennent souvent, dans la poche de leur
jaquette, de petites pincées de confetti qu'elles vous
font voler au visage en soufflant. Cela n'a rien de
commun avec le geste brutal des jeteurs et en-
voyeurs de confetti de nos grands boulevards, dont
le mouvement a plutôt l'air de quelque voie de fait
qu'on se sent tout prêt à réprimer. On vous arrose
aussi parfois, mais rarement, de petits filets d'eau
parfumée.

Dans la soirée, j'assistai au défilé de la Estudiantina, celle-ci parfaitement authentique et composée

en grande partie des futurs *abogados* et médecins de Madrid. Ils sont bien là un demi-cent tous vêtus avec recherche, portant un costume noir à culottes courtes et des souliers vernis aux larges boucles d'argent. Bien instrumentés en mandolines, mandores, violons et guitares, ils donnent une aubade devant la boutique d'un *peluquero* et jouent — surprise charmante pour un Français — la Sérénade de Mandolines de Bizet. Après l'aubade, un vin d'honneur leur est offert dans la boutique même du coupeur de cheveux où ils s'engouffrent en masse, au désespoir de leurs camarades désaltérés qui sont obligés de jouer des coudes pour en sortir. Je suis ces jeunes gens avec l'espoir d'entendre leur air national de la « Estudiantina » : c'est en pure perte. Ils m'entraînent ainsi de rue en rue, de place en place, s'arrêtant toujours devant les mêmes boutiques et obtenant le même rafraîchissement.

Le soir, je retrouve l'homme à mine patibulaire dont les aïeux avaient bien pu appartenir au groupe social que Rostopchine lança dans les rues de Moscou pour l'incendier, mais qui ne durent pas s'aventurer jusqu'au Kremlin, — car la vue de la cloche d'argent les eût détournés de leur besogne. Il s'est *guidé* toute la journée, Dieu sait comment ! car les pommettes de sa face barbue sont plus écarlates que bronzées et ses yeux congestionnés ont des flamboiements qui ne sont pas précisément l'indice de la sobriété.

Il me propose d'aller au bal, ce que j'accepte avec assez d'empressement, mais sans faire le moindre geste de sortir mon portefeuille. Cette fois, je paierai moi-même les places, j'y suis résolu.

Comme ma mise ne me permet pas d'aller à l'Opéra, où l'entrée coûte fort cher, je lui dis de me conduire dans un bal plus modeste. Nous y arrivons après avoir traversé une quantité de rues excentriques. Nous longeons un long couloir à peine éclairé au bout duquel est la caisse : je donne deux francs pour notre entrée. Nous montons un étage ; nous sommes dans une large antichambre qui doit être le foyer de ce petit établissement.

Là, une surprise vraiment inattendue : masques et déguisés, — à part deux ou trois *filles* très déhanchées, mal fagotées et à la face horriblement vicieuse, — des hommes, dont la moitié en costumes féminins, sont assis sur les genoux des autres. Ils dansent ensemble, se serrent de près quand l'orchestre joue sa ritournelle, se regardent avec des yeux chargés de langueur ou hébétés qui stupéfient ; s'embrassent par moments ou se font des attouchements obscènes sous l'œil de la police. Il paraît même que, lorsqu'un..... délit est constaté publiquement entre deux individus du même sexe, les coupables ont le choix entre deux mois de prison et vingt-cinq francs d'amende !...

C'en était trop ! — J'étais irrité autant qu'écœuré de ce spectacle et je n'attendis pas de voir danser le *habanera* par ces drôles enjuponnés dont les plus... endurants mériteraient bien l'opération du chanoine Fulbert !

Je passai une nuit fort agitée dont la mauvaise impression ne diminua que le lendemain et le sur lendemain à la vue des corporations venues en costumes des provinces du royaume.

Je vis la procession des Aragonais parcourant les rues précédés d'une bannière sur laquelle est l'image de *Nostra Senhora del Pilar*. La vierge del Pilar, qui protégea moins efficacement Saragosse contre l'invasion française de 1808, que l'épée de son gouverneur, Palafox — qui nous contraignit de débloquer la ville après un siège de 61 jours — est vénérée par les Aragonais à l'égal de Dieu. On pourrait dire impunément devant eux les mille horreurs de la Vierge Marie, mais ils joueraient du couteau si on tenait le moindre propos discordant sur le compte de leur angélique patronne.

Ce qu'ils chantent dans les rues, c'est la gloire de cette sainte qui voulait bien être capitaine espagnol et en porter les épaulettes, mais ne devenir Française à aucun prix. Cet hymne monotone, ce chant presque barbare qui, à peine achevé, donne lieu à une quête assez fructueuse (où entre une bonne part d'argent français) est, comme la colonne du Dos de Mayo, peu flatteur pour notre sentiment national.

Après le défilé des Basques, qui dansent ou chan-

tent sans tambours, les Navarrais dont le costume
se rapproche beaucoup du leur. Toutes les provinces défilent successivement et, ce qu'il y a de
plus remarquable dans leurs divertissements, c'est
la danse des bâtons exécutée par des hommes en
veste arrivant au haut du dos et qui ont du feuil-
lage dans les cheveux. Après ces provinciaux plus
ou moins curieux dans leur accoutrement très
local, on voit des gens couverts de peaux de moutons et jouant de la musette ou du chalumeau qui
peuvent bien être des bergers.

Et après eux, le mardi gras, une vraie procession
de la Cour des Miracles : bossus, boiteux, borgnes,
bancroches, estropiés de toutes les hideurs, éclop-
pés de toutes les ablations ; culs de-jatte se traî-
nant sur une planchette ; goitreux au cou hyper-
trophié ; squelettes marchant ; amas de chair où
un œil s'éclaire à peine dans une tumeur suppu-
rante... ; lèvres et nez rongés par les chancres.....
Tout cela parcourt en corporations les rues de
Madrid, sans trop soulever les hauts de cœur des
passants.

C'est affreux ; c'est horrible ! Il n'y a pas un
crayon qui voudrait rendre une pareille atrocité !

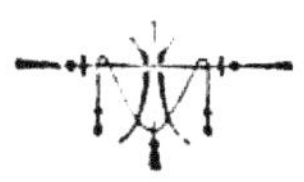

CHAPITRE XX.

AU MUSÉE D'ARTILLERIE.

ARMES DIVERSES ET PLAN EN RELIEF DE MADRID. — CARROSSE ET ARMES DE PRIM ; EFFETS QU'IL PORTAIT LE JOUR DE SON ASSASSINAT. — BIOGRAPHIE DES MARÉCHAUX PRIM ET ESPARTERO. — CÉNOTAPHE DE DAOIZ ET VELARDE. — ARMES ET EMBLÈMES HISTORIQUES.

Les deux ou trois jours qui suivirent, le ciel, uniformément bleu jusque-là, se macula de larges plaques blanches ou grisâtres ; la pluie tomba abondamment et le vent qui s'était enrhumé sur les hauts plateaux, souffla sur toute la ville un air glacial assez rigoureux. Dans les chambres, où il n'y a pas de cheminées, — et dont l'utilité en serait d'ailleurs contestable — on alluma des braseros, sorte de récipients en cuivre pourvus d'un couvercle percé de trous où le feu couve sous la cendre.

A défaut du guide que j'avais définitivement congédié, et pour ne pas errer comme une âme en peine dans les rues de Madrid, j'allai de ma chambre d'hôtel au débit de la Calle Echaragay et de ce débit à mon hôtel, accomplissant plusieurs fois ce manège. Une habituée de l'endroit, assez aimable, assez jeune d'apparence, s'offrit spontanément à distraire mon désœuvrement et me proposa de l'accompagner au Musée d'artillerie où elle avait ses grandes entrées...

J'acceptai. — J'allai en sa compagnie visiter le carrosse où Prim fut assassiné, les canons usés du rez-de-chaussée et les armes désormais hors d'usage dont les plus anciennes ne remontent guère qu'au XVe siècle. Je vis également le plan de Madrid, dont les reliefs ont assez de fini dans l'ensemble, mais où les détails sont un peu négligés. En l'observant de près, je pensai à la naïveté des gens qui, désignant un carré de bois grand comme l'ongle, ont la cécité d'y découvrir leur propre maison et de la trouver très ressemblante.

Au premier étage, une longue et large galerie contenant l'armement moderne : fusils, carabines, pistolets, révolvers et armes blanches de tous les calibres en trophées, comme cela se pratique dans tous les musées.

Au bout de cette salle, dont l'aménagement et les dispositions font honneur à la direction actuelle d'artillerie, un musée bien national où, ce qui frappe d'abord en arrivant, est la vitrine qui sert de reliquaire aux effets et aux armes ayant appartenu à Prim. On y voit les vêtements qu'il portait le jour de son assassinat, maculés d'une large tache de sang, ce qui impressionne péniblement.

Juan Prim, qui naquit à Reus, en Catalogne, en 1814, était fils d'un colonel d'infanterie. Sorti de l'École militaire avec l'épaulette, il s'occupa plus de politique que de son métier et fit alliance avec les progressistes qui demandaient des libertés plus étendues pour les citoyens. Il s'opposa à la dictature d'Espartero, prit part aux guerres civiles qui bouleversèrent l'Espagne à l'avènement d'Isabelle II et se distingua parmi les plus ardents défenseurs de Marie Christine.

Il devint colonel en 1837 à l'âge de 23 ans. Cet avancement rapide lui aliéna une partie de l'armée qui ne vit plus en lui qu'un officier de cour.

En 1842, il prit part au soulèvement de Saragosse ; un mandat d'amener fut lancé contre lui et il n'y échappa qu'en se réfugiant en France. Il put rentrer dans son pays l'année suivante ayant été réélu député aux Cortés par Barcelone, fut promu général, nommé comte de Reus et obtint le gouvernement militaire de Madrid. En 1853, il combattit contre la Russie de concert avec la France et l'Angleterre et obtint des succès au Maroc qui lui valurent les titres de marquis de Los Castillejos et de grand d'Espagne.

Quand la désastreuse guerre du Mexique éclata, en 1861, Prim reçut le commandement en chef des troupes espagnoles qui devaient agir de concert avec la France et l'Angleterre. Il prit part à la convention de la Soledad, signée entre les trois grandes puissances ; mais, devinant les projets de Napoléon, qui voulait substituer à la République mexicaine l'archiduc Maximilien d'Autriche, il se sépara de la politique française, protesta en faveur du Mexique et rapatria ses troupes. Sa conduite très droite et résolue reçut l'approbation du Gouvernement de la reine Isabelle.

Rentré au Sénat pour y faire une ardente opposition au ministère O'Donnell, il tenta de soulever l'armée en faveur du roi de Portugal, sur la tête duquel il voulait faire passer la couronne d'Espagne et réaliser ainsi l'union des deux royaumes en détrônant Isabelle. Ce pronunciamiento ayant avorté, Prim fut obligé de passer à l'étranger. Il se réfugia d'abord à Lisbonne, puis à Bruxelles, d'où il fut expulsé, et alla résider en Angleterre.

Une insurrection soulevée par le maréchal Serrano et l'amiral Topete couvant dans la péninsule hispanique, il accourut à Madrid. De concert avec ces deux commandants en chef il contribua au renversement d'Isabelle et obtint, dans le nouveau gouvernement, le portefeuille de la guerre et le titre de capitaine général. Une révolte éclata contre lui en 1869. — Prim fit résolument tête à l'orage, ne craignant pas d'ordonner les mesures de proscription les plus sévères.

Il était favorable au retour d'une monarchie constitutionnelle et intrigua dans ce but auprès des puissances étrangères, notamment de l'Allemagne et de l'Italie. En but aux haines des partis qu'il ne parvenait qu'à irriter avec sa jactance trop autoritaire, on conspira sa perte et il fut assassiné, en 1870, en sortant des Cortès, Calle del Turco. Les circonstances de ce crime sont, à l'heure actuelle, encore mystérieuses.

Le rôle de Prim, comme celui d'Espartero, dont je vais parler, sera longtemps encore diversement apprécié par ses partisans dont le fanatisme allait jusqu'aux plus extrêmes menaces ; par les amis de la reine Isabelle qui le haïssaient pour son influence et pour son dévouement à la reine-mère Marie-Christine ; par les républicains qui voyaient en lui un ennemi dangereux de tout nouvel ordre de choses et de la liberté.

Ce qu'on ne peut lui retirer, c'est qu'il fut un brillant officier général qui ne connut pas la défaite, un ardent défenseur des droits espagnols sous tous les régimes et, par conséquent, un grand patriote digne de la considération des étrangers et du culte de ses concitoyens.

C'est dans ce même salon que l'on voit, à côté de plusieurs bustes en marbre d'Espartero, les drapeaux qu'il enleva aux Carlistes, qu'il défit dans maints combats et dont il parvint à écraser les légions après avoir vaincu leurs chefs Cabrera et Negri, contraignant don Carlos à passer la frontière.

Don Baldomero Espartero, duc de la Victoire, est né à Granatula, dans l'ancienne province de la Manche, en 1792. Il était le plus jeune des neuf enfants d'un maître charron quand l'invasion française éclata et vint le tirer des forges paternelles. Il s'engagea en 1808, se distingua au premier rang des défenseurs du pays et devint lieutenant.

Parti pour le Pérou, où il resta une dizaine d'années, il en revint en 1824 ayant réalisé, avec une fortune considérable, le plus haut grade où il semblait devoir prétendre. Il était alors colonel.

Ferdinand VII ayant aboli la loi salique en 1832, Espartero se fit le champion des droits de succession au trône de sa fille Isabelle qui était encore sous la tutelle de sa mère Marie Christine. La défaite qu'il infligea à don Carlos et à ses partisans lui rapporta son bâton de maréchal, les titres de Grand d'Espagne et de duc de la Victoire.

Chargé par la reine mère de former un cabinet en 1840, il prit une telle influence dans les affaires qu'elle dut abdiquer le pouvoir entre ses mains. — Espartero fut Régent du royaume d'Espagne en

1841. Il mena les affaires de l'Etat avec une telle énergie qu'il ne craignit pas, pour écraser les rébellions, de mettre à feu et à sang les provinces basques et d'ordonner le bombardement de Barcelone.

Ces mesures extrêmes amenèrent une révolution en Espagne où les progressistes s'allièrent aux partisans de Marie Christine et le renversèrent. Remplacé par un gouvernement provisoire ayant à sa tête Serrano, Lopez et Caballero, il fut déclaré traître à la patrie et n'eut la vie sauve que grâce à sa fuite en Angleterre.

Quand il rentra en Espagne, en 1847, son rôle politique était fini. Après les événements de 1854, où il reprit pendant deux ans la direction des affaires comme Ministre, il se retira dans ses propriétés de Logrono où il mourut en 1859.

On voit également dans ce musée la tente des rois catholiques, l'étendard de Fernand Cortès à la conquête d'Oaxa ; les épées de Palafox, de Mina et du Duc de Bailen ; le portrait de la Vierge del Pillar.

Enfin, dans le salon en retrait, il y a encore une page de l'insurrection espagnole contre l'occupation française. C'est le cénotaphe de Daoiz et Velarde recouvert de leur suaire, de leurs uniformes et de drapeaux, sur lesquels sont posés des couronnes de lauriers et de pieux emblèmes patriotiques. Il y a là, avec leurs portraits, leur correspondance qu'on ne lit pas sans émotion.

On sait comment ces deux officiers distingués trouvèrent la mort en voulant s'opposer à la marche des troupes du général Lefranc. C'est bien, ici, le sanctuaire qui doit garder le souvenir de ces héroïques victimes du Dos de Mayo et non les monuments du Prado et du Buen Retiro, désagréables à la vue des meilleurs amis de l'Espagne.

On connaît d'ailleurs trop mon sentiment à Madrid pour croire que la critique que je fais de quelques pierres superposées sans grand art, mais rappelant le trépas des vaillants du 2 mai, ait quelque chose d'injurieux pour la mémoire de ceux qui avaient adopté la devise bien française de : « Vaincre ou mourir !... » de ceux qui, jusqu'au dernier, ont su tenir si noblement leur serment.

CHAPITRE XXI.

DEVISES DE MADRID, SES ARMES, SA POPULATION, SON
ORIGINE. — ILLUSTRATIONS MADRILÈGNES.

Un petit livre écrit en espagnol que je trouvai
sur ma table d'hôtel me fournit sur Madrid des
détails assez intéressants. Je les transcris un peu
sans ordre comme je les recueillis, en les traduisant
de mon mieux.

Sous la domination romaine, Madrid s'est appelé
Mantua Carpenatorum, puis Majoritum et enfin
Madritum. Les Maures la nommèrent Margerit.

Elle porte les titres suivants que lui donnèrent
tour à tour Henri IV de Castille, Charles-Quint et
Ferdinand VII :

> Muy noble y muy leal. —
> Imperial y coronada. —
> Muy Heroïca. —

Ses armes sont, sur champ d'argent, un ours

campé sur un arbousier aux fruits rouges dont il
secoue les branches, avec orle bleue aux sept étoiles
rappelant la constellation de la Grande Ourse.
Elles sont surmontées d'une couronne fermée.

Cette grande capitale compte près de six cent
mille habitants. Elle est située à la latitude N. de
40°24' et à la longitude O. de 6°11' et bâtie au milieu d'une grande plaine sablonneuse bornée au
nord par les montagnes de Somosierra, du Guadarrama où apparait dans l'horizon le plus lointain
la Sierra Morena. Ses murailles sont percées de
quinze portes dont quelques unes sont très belles ;
elle est assise à l'altitude de 635 m. au-dessus
du niveau de la mer, ce qui lui donne la position
la plus élevée des capitales européennes.

Simple village au temps des Romains, elle fut
prise et fortifiée par les Maures. Reprise par Alphonse VI, en 1083, elle fut embellie par Henri III,
roi de Castille, mais ne devint capitale que sous le
règne de Philippe II (1560).

Prison de François Ier, après Pavie, elle fut occu-
pée par les Français en 1808, 1809 et 1812 et, par les
Anglais, également en 1812, après la bataille de
Salamanque.

Madrid a vu naître :

Don Alonzo Ercilla Y Zuniga (1533), poète espagnol qui accompagna l'Infant don Philippe dans
ses voyages en France, en Allemagne, en Italie. —
Après s'être conduit bravement dans les guerres

contre les peuplades révoltées du Chili. Zuniga se couvrit de gloire dans l'expédition contre les Araucans. Ce sont ses exploits qu'il chante dans son poème très exotique l'Araucana, qui est son chef-d'œuvre. Il mourut en 1596.

Antonio Perez (1539-1611) qui, étant confident des amours de Philippe II, son maître, pour la princesse Eboli, devint son rival heureux. Chargé de la mission secrète de surveiller Don Juan d'Autriche dans les Pays-Bas, il agit astucieusement, perfidement même, pour que Don Juan, se trouvant à court d'argent, revînt à Madrid et conspirât contre le roi, son frère. Démasqué par Escovedo, secrétaire de Don Juan, qui connaissait le secret de ses amours et le menaçait de la colère du roi, Perez le fit assassiner dans les rues de la capitale. Antonio Perez fut exilé pour son machiavélisme. Il vint en France où Henri IV l'accueillit et où il mourut. Il a laissé une série d'écrits politiques Obras y relaciones (Lettres et Mémoires).

Félix Carpio Lope de Vega (1562-1635), l'écrivain le plus fécond des temps modernes, qui fut exilé de Madrid à la suite d'un duel malheureux avec un grand seigneur. Il eut une vie très agitée, se maria deux fois et n'écrivit pas moins de 2200 PIÈCES DE THÉATRE, dont les plus remanquables sont: L'Etoile de Séville, Aimer sans savoir qui, Le Châtiment sans vengeance, Le Chien du Jardinier, L'Esclave de son amant, Le mariage dans la mort, etc..., au

total 40 volumes qui ne présageaient point que
l'auteur dût finir dans la congrégation des moines
de Saint François et devenir un des plus barbares
inquisiteurs de son époque.

François de Quevedo y Villegas (1580-1645), qui
fut exilé de Madrid pour les mêmes motifs que
Lope de Vega, suivit en Italie le duc d'Ossuna,
nommé vice-roi de Naples, et faillit périr à Venise
dans la conspiration des Espagnols contre le Gouvernement. Emprisonné à son retour en Espagne,
il fut rappelé à la Cour en 1622 et remplit les fonctions de secrétaire du roi. Ses œuvres les plus remarquables, qui lui donnent la première place
après Miguel de Cervantès, sont : Le Livre de toutes
choses, Los Suenos (visions), Historia del Gran
Tocanno, Le Chevalier Tenaille... œuvres toutes
pleines d'humour, d'une verve très satirique dont
l'Inquisition se blessa et brûla un peu tardivement
les manuscrits. Ses œuvres les plus compromises
furent publiées sous le nom de Chevalier de la
Torre.

Gabriel, Tellez Tirso de Molina (1585-1648), qui,
après avoir été auteur dramatique apprécié, finit
ses jours dans le couvent de la Merci à Tolède. Il
écrivit 300 pièces dont on conserve encore le souvenir des principales : Le Timide à la Cour, Le
Paysan de Valleseos, Don Gil aux chausses vertes,
Aimer par raison d'Etat, le Convive de Pierre. —
Ce fut un metteur en scène très distingué.

Don Pedro Calderon de la Barca (1600-1681) qui fut un charmant et délicat poète. Ses premiers vers lui valurent un grand succès et l'amitié de Philippe IV qui le combla de faveurs et fit représenter son théâtre à ses frais. Ses tragédies et comédies les plus connues sont : L'Alcade de Zamalea. Le Prince Constant. La Vie est un songe. Les Armes de la Beauté. Le Médecin de son honneur. Le Purgatoire de Saint-Patrice. La Dévotion de la Croix. Le Magicien prodigieux. Ses autos sacramentels. Le divin Orphée. La Vigne du Seigneur, etc... Ce qui est le plus extraordinaire dans sa vie, c'est qu'il s'engagea à 25 ans comme soldat et cultiva la poésie à travers la vie des camps. — En 1651, il devint chanoine de Tolède.

Nicolas, Fernand Moratin (1737-1780) qui écrivit la comédie de la Petimetra (petite maîtresse), les tragédies de Hormesinda et de Guzman le Bon, les poèmes de Diane et des Vaisseaux de Cortés détruits en 1780. Son fils, Léandre Fernand (1760-1828), également né à Madrid, un traducteur heureux de Molière, fut directeur de la Biblothèque Royale et mourut en exil, à Paris, pour s'être rallié aux Français.

Manuel de la Concha (1794-1874), qui combattit les Français lors de l'occupation, servit sous Espartero dans l'Amérique du Sud et fut un partisan d'Isabelle contre Don Carlos et les Progressistes. Nommé capitaine général de la Catalogne, en 1844,

il fut envoyé cinq ans plus tard à Rome pour
soutenir le Pape. A sa rentrée en Espagne, où il
revint pour siéger aux Cortés, il fit alliance avec les
libéraux et fut exilé pour ses opinions avancées. —
Espartero le rappela et le nomma Maréchal. Après
avoir obtenu quelques succès au Maroc, dont il
dirigeait l'expédition, il reprit le commandement
des troupes opérant contre les Carlistes et fut tué
à Muro.

Je ne parle point de Louis Blanc qui naquit à
Madrid en 1811, ni des célébrités actuelles de la
capitale.

Madrid est une ville foncièrement coquette et
élégante qui n'a rien à envier à Paris sous le rapport des distractions et des plaisirs Que l'on trans-
porte un Parisien à Madrid, il n'y trouvera pas une
différence sensible entre les belles rues de Paris et
celles de cette autre grande capitale.

Les gens y sont, en général gais, affables, préve-
nants, empressés surtout avec les étrangers. Ce
qui diffère, c'est surtout la langue.car les costumes
sont bien les mêmes qu'ici. La mode s'y calque sur
celle de Paris : les hommes y sont mis avec la
même recherche ou le même négligé suivant leur
classe sociale ; les femmes y sont charmantes, dou-
ces, enjouées. vives et même coquettes comme les
Parisiennes qui ont peut-être plus de liberté dans
leurs actes et, partant, plus d'indépendance.

Si les hommes portent « la capa », si les femmes

mettent la mantille, ce n'est pas la généralité mais bien l'exception.

Dire qu'on voit à Madrid des Andalouses, des Basques, des Aragonaises, des Catalanes, des Navaraises, des Galliciennes, etc..... au type et au costume différents, c'est dire que l'on voit à Paris des Bretonnes, des Provençales, des Picardes, des Alsaciennes, etc... Cela n'a pas de portée et ne serait qu'un vulgaire remplissage.

Pour rester vrai, il n'y a qu'à dire que Madrid est une ville où l'on mange, où l'on boit, où l'on dort... où l'on vit comme à Paris ; une capitale qui possède des charmes aussi enivrants aussi capiteux que sa grande sœur ; une ville qui vous capte, qui vous entraine, qui vous enchaine presque ; une ville qui vous laisse des désirs et des fièvres quand on la quitte et où l'on n'aspire qu'à retourner. —

CHAPITRE XXII

AU BANQUET DU 11 FÉVRIER.

L'avant-veille de mon départ, le dimanche 11 février, il y eut à l'hôtel de Russie un banquet Zorrilliste auquel je pris part au moment des toasts.

Il était sept heures. J'étais à table derrière un paravent où allait se tenir la réunion, ce qui lui donnait un caractère privé dans une grande salle publique, quand les premiers convives arrivèrent.

Ceux-ci, qui appartenaient aux groupes républicains les plus divers de la capitale, avaient tous une mise convenable mais sans recherche. Je remarquai même que les costumes de couleurs dominaient.

Je dinais ce soir-là avec un grand commerçant de Madrid et ses fils, et je devais accompagner ces derniers au bal de l'Opéra. Tout à la fête projetée, je ne prêtais pas grande attention au banquet politique et j'étais loin de me douter que le hasard m'y réservait une place.

Il pouvait être neuf heures quand le président de la réunion, précédé par le garçon, vint à moi.

— Vous êtes Français, monsieur — me dit-il dans notre langue — et, de plus, de passage à Madrid?

Je répondis affirmativement.

Il me tendit la main et reprit sans accepter le siége que je lui offrais :

— Je suis l'interprète de tous mes amis en vous demandant de nous accorder quelques instants. Nous désirons que vous soyez au milieu de nous pour le toast que l'on doit porter à la France.

Il n'y avait pas à refuser et je me rendis à cette fraternelle et cordiale invitation avec la certitude qu'il en résulterait une très agréable surprise.

Au moment où l'on fit jouer le paravent pour me livrer passage, on criait en espagnol : Vive la République! On interrompit ce cri et celui de : « Vive la France! » sortit de toutes les poitrines.

L'émotion s'accentuait de plus en plus, et ce fut presque chancelant que j'allai m'asseoir sur le siége que le président m'avança à ses côtés.

L'orateur inscrit, un petit homme trapu à la physionomie presque imberbe mais très énergique, entama son exorde à peu près dans ces termes :

« Nous saluons Paris, qui est l'âme de la France

« et la patrie des plus nobles cœurs ; nous aimons
« Paris qui est le foyer de toutes les hautes con-
« ceptions de l'esprit humain ; nous admirons
« Paris qui est la capitale des mondes où le Pro-
« grès et le Génie déploient leurs ailes et rayon-
« nent majestueusement ; nous vénérons Paris qui
« est le refuge des opprimés, la protectrice des
« proscrits et la seconde mère de notre bien aimé
« chef Ruiz Zorilla.. ..

Ici l'orateur entra dans un développement où il
fit l'éloge des vertus civiques du grand proscrit et
de son dévoûment à la cause républicaine. Il s'éten-
dit sur les services qu'il avait rendus au parti, puis
il reprit :

« La France qui est grande et marchera toujours
« en tête des autres nations, doit apprendre que
« notre cœur bat à l'unisson de celui de ses enfants.
« Elle n'ignore pas que nous la savons et la vou-
« lons forte et à l'abri des injures de l'étranger, et
« que nous formons des vœux ardents pour qu'elle
« rentre dans ses limites naturelles que de désas-
« treux et récents événements lui ont fait perdre.
« Mais nous attendons de jour en jour le réveil du
« lion ! Aussi, nous sommes heureux de son alliance
« avec la Russie et nous serions fiers de contracter
« une plus étroite union avec elle. Le jour est peut-
« être proche où cet événement se réalisera et il le
« serait depuis longtemps si l'Espagne était en
« République ! »

Il clama à trois reprises : « Vive la France ! Vive
la République ! »

Je me levai et criai, la voix pleine d'émotion :
« Vive l'Espagne ! »

Après avoir remercié l'orateur, je dis en subs-
tance combien j'étais impressionné par les belles
paroles que je venais d'entendre, qu'elles m'étaient
allées droit au cœur et que je ne les oublierais de
ma vie.

Je parlai ensuite des splendides pays que je
venais de traverser, déplorant que le Portugal se
trouvât presque sous le joug de l'Angleterre. Je
parlai de leurs gloires nationales, des ardents
défenseurs du sol sacré de la patrie dont j'admirais
l'héroïsme, bien qu'il fût dirigé contre les soldats
de ma nation. Je dis que la France se sentait forte
contre la Triple Alliance, même sans le secours de
la Russie, et que les petits-fils des héros de la
Révolution sauraient verser leur sang jusqu'à la
dernière goutte, au premier bruit du canon et
s'opposer à toute nouvelle violation de nos frontières.

Je déplorai la lâche ingratitude de l'Italie qui, ne se
souvenant plus que nous avons fait son unité, s'in-
cline servilement devant la volonté de notre ennemi
séculaire.

Je dis que je ne comprenais pas plus la France
aux Allemands que l'Espagne ou une partie de
l'Espagne aux Français ou aux Anglais et que

j'avais le plus ferme espoir que l'heure ne tarderait pas à sonner où les Espagnols pourraient jeter les Anglais à la mer à Gibraltar ! —

Le lendemain tous les journaux de Madrid inséraient mes paroles et notre ambassadeur, de qui je relevais alors, me donnait l'ordre de quitter Madrid dans les quarante-huit heures et me faisait accompagner à la frontière.

CHAPITRE XXIII

L'ALLIANCE LATINE

Je ne dirai qu'un seul mot en terme de conclusion, c'est que l'alliance des races latines s'impose plus que jamais, surtout après les événements qui viennent de s'accomplir en Amérique et où l'Espagne, malgré son héroïsme, a été vaincue, écrasée. Je dis que si l'alliance des hommes de notre sang eût été un fait acquis, les États-Unis, malgré tous les milliards dont ils peuvent disposer, ne se fussent pas aventurés à cette guerre qui n'est, en somme, qu'une querelle d'Allemands et qui prouve une fois de plus l'entière duplicité de la race anglo-saxonne.

Mais les événements sont beaucoup trop récents pour les apprécier et l'on ne peut rien préjuger à l'heure où les destinées coloniales de l'Espagne sont si gravement compromises. Nous devons seulement proclamer bien haut que si les États-Unis tentent de mettre en œuvre à notre détriment la doctrine de Monroë — et il faut tout prévoir — ils n'auront pas à jouir une seconde fois de ce spectacle stupéfiant d'une flotte compacte et homogène s'hypnotisant, pendant des semaines, dans un chenal. Si avec le manifeste du Tsar le désarmement universel est à la veille d'être sérieusement examiné, peut-être même conclu, l'alliance des races latines est susceptible de faire un grand pas.

Le général Jung, dans son remarquable ouvrage sur « Bonaparte et son temps », en a indiqué les grandes lignes et je ne puis mieux faire que d'en retracer l'exposé.

L'alliance des races latines consisterait à réunir dans une sorte de fédération les Arméniens, les Grecs, les Italiens, les Espagnols et les Français, de manière à faire du bassin méditerranéen le centre d'une grande association du progrès du commerce et de l'industrie dont le canal de Suez, les Dardanelles et le détroit de Gibraltar seraient les traits d'union gigantesques. Le Portugal entrerait naturellement dans cette alliance qui, avec celle de la Russie assurée déjà sur des bases solides, serait une garantie de paix universelle. —

Puissent ces peuples bien aimés, qui m'ont accueilli si fraternellement, en voir bientôt l'exécution ! —

TABLE DES MATIÈRES

Table des Matières

MADRID

L. BADEL, Imprimeur à Châteauroux

DERNIÈRES PUBLICATIONS :

Lazare le Ressuscité, par Mécislas Golberg................................ 5 »

A trompeur, trompeuse et demie, comédie en un acte, en vers, de M. Raymond Crussard, 2 personnages : Pierrot. Colombine.............................. 0 50

La Goutte d'eau, comédie en un acte, en vers, de M. Raymond Crussard, 2 personnages : Pierrot. Pierrette........... 0 50
    Figuration : Paysannes italiennes.

Sur la Sellette, monologue en prose pour jeune homme, par Kappa-Lambda..... 0 50

Compliments de Marguerite, petite poésie pour fillette, par Kappa-Lamda......... 0 10

A Michelet, poésie dite pour les fêtes de Michelet, par Albert Wolff............ 0 10

Conte de Noël, poésie de Raoul Thonin, grand succès........................... 0 25

Vers l'Amour, par M. Mécislas Golberg, exemplaires de luxe (épuisé)............. »
    Édition ordinaire..................... 0 50

Livre d'Hommages à M. le Président Magnaud, 1re série (édition populaire).. 0 50

Vers la Mer, nouvelle, par Jean d'Or Sinclair............................... 2 »

Capitaine Laroche, par Dumont......... 3 50

EN PRÉPARATION :

Les dessous de New-York, par Alexandre Vallet de Brugnières, 1 vol......... 3 »

Pour tuer le temps, nouvelle, 1 vol...... 3 »

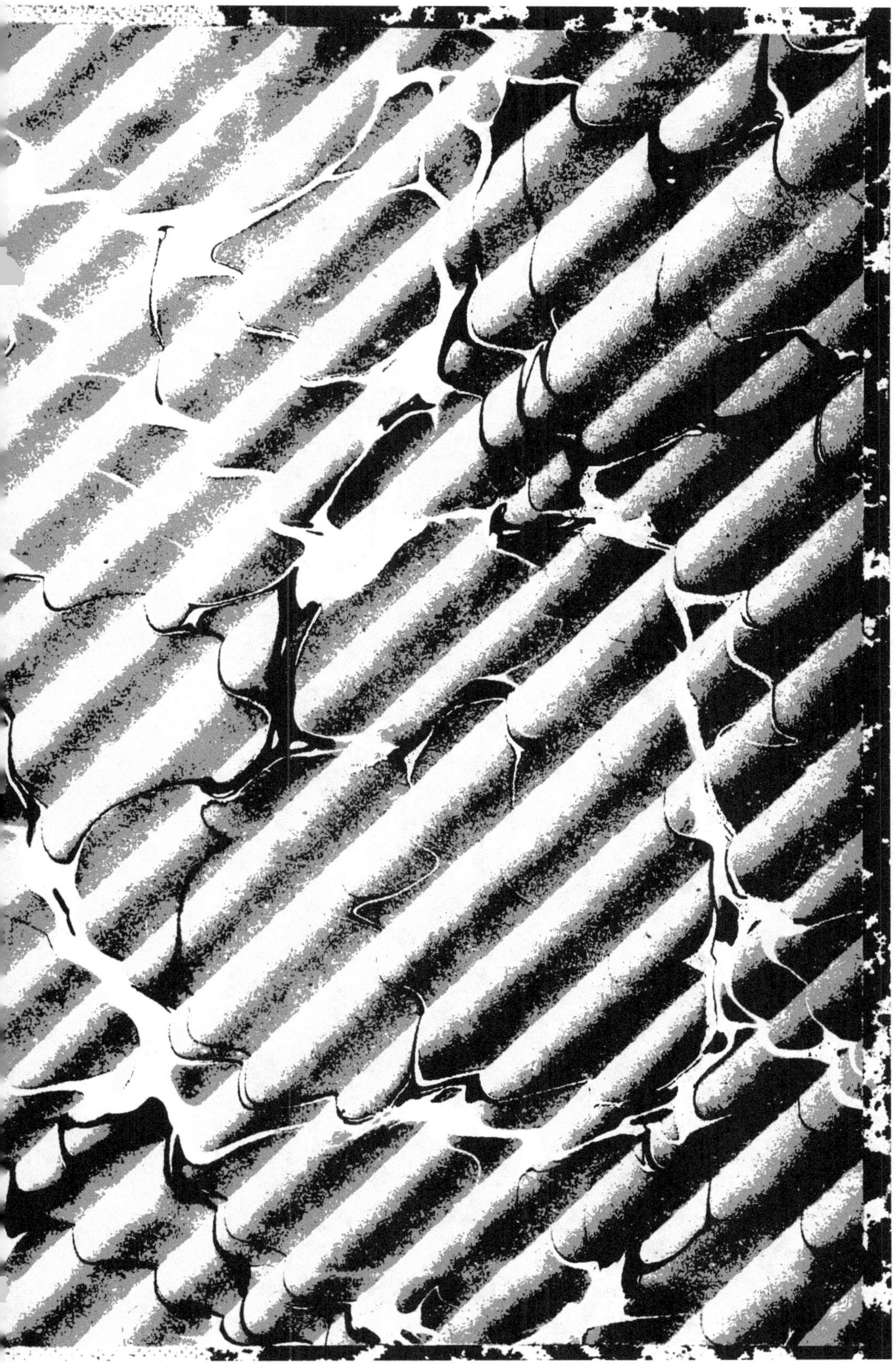